U0857091

高等院校艺术设计类专业
“十三五”案例式规划教材

中文版Dreamweaver CC 网页制作案例教程

主 编 耿 阳 彭凌玲 彭 卉

華中科技大學出版社
http://www.hustp.com
中国·武汉

内容提要

本书通过示例引导教学，循序渐进地讲解了网页制作的方法与技巧。全书共分十二章，内容主要包括 Dreamweaver CC 入门基础知识，在网页中使用文本、图像和多媒体，在网页中使用表格布局页面，在网页中使用超级链接，在网页中应用 CSS 样式，应用 Div CSS 布局网页，使用模板和库创建网页，在网页中创建表单，使用网页行为创建动态效果，制作 jQuery Mobile 页面，发布和推广网站站点以及 HTML5 CSS3 网页制作综合实例。

本书内容丰富且操作方法简单易学，可作为高职院校、独立学院信息工程类专业的教学用书，也可供从事网页设计、网页制作、网站建设、Web 前端开发人员参考。

图书在版编目 (CIP) 数据

中文版 Dreamweaver CC 网页制作案例教程 / 耿阳，彭凌玲，彭卉主编 .—武汉：华中科技大学出版社，2019.6

高等院校艺术设计类专业“十三五”案例式规划教材

ISBN 978-7-5680-4712-8

Ⅰ. ①中… Ⅱ. ①耿… ②彭… ③彭… Ⅲ. ①网页制作工具－高等学校－教材 Ⅳ. ① TP393.092.2

中国版本图书馆CIP数据核字(2018)第288904号

中文版 Dreamweaver CC 网页制作案例教程

Zhongwenban Dreamweaver CC Wangye Zhizuo Anli Jiaocheng

耿　阳　彭凌玲　彭　卉　主编

策划编辑：周永华

责任编辑：周怡露

封面设计：原色设计

责任校对：李　琴

责任监印：朱　玢

出版发行：华中科技大学出版社（中国・武汉）　电话：(027)81321913

武汉市东湖新技术开发区华工科技园　邮编：430223

录　　排：华中科技大学惠友文印中心

印　　刷：湖北新华印务有限公司

开　　本：880mm × 1194mm　1/16

印　　张：11

字　　数：247 千字

版　　次：2019 年 6 月第 1 版第 1 次印刷

定　　价：49.80 元

本书若有印装质量问题，请向出版社营销中心调换
全国免费服务热线：400-6679-118　竭诚为您服务
版权所有　侵权必究

编 委 会

主　编：耿　阳　彭凌玲　彭　卉

副主编：董　焱　杜晓璇　赵安琪　彭琳琳

参　编：陈玺如　张露云　赵炜依　毕瑶菲
安兆虹　白雅君　王红微　李　东
张黎黎

前言

Preface

随着互联网的快速普及和应用，现代人的学习、生活和工作越来越离不开内容丰富的网站，而丰富多彩的网站也离不开实用、强大的网站制作软件。Dreamweaver 是世界顶级软件厂商 Adobe 推出的一套拥有可视化编辑界面，用于制作并编辑网站和移动应用程序的网页设计软件，因其界面友好、人性化和实用性强而深受广大网页设计工作者的青睐。目前，Dreamweaver CC 是最新版本，该版本整合了最常见的服务器端数据库操作能力，全面支持最新的 HTML5 和 CSS3 技术，能够快速生成专业的动态页面。换而言之，Dreamweaver CC 是一个集网页创作和站点管理于一身的重量级 Web 开发工具。无论是 Web 设计师、数据库开发者，还是 Web 程序员，都可以依靠 Dreamweaver CC 的强大操作环境和成熟的代码编辑工具设计出功能完善的动态网页。

本书在教学过程中，特别注重对各实例制作方法的讲解与技巧总结，循序渐进地讲解了网页制作的方法与技巧，共分为十二章。本书内容丰富、操作方法简单易学，即使是初级入门的读者，也只需逐步按照书中介绍的步骤进行操作，便能做出相同的效果。本书适用于高等院校和高职高专院校使用。

限于编者的水平与时间，书中难免存在不妥之处，恳请专业人员和广大读者提出宝贵意见。

编　者

2019 年 3 月

目录

Contents

第一章
Dreamweaver CC 入门基础知识

第一节　网页制作基础

在互联网高速发展的今天，网络技术的应用已经深入到了社会各个层面，网页逐渐成为展示和宣传信息的载体，而多个相互关联的网页便构成了一个网站。普通的网页都会有文本和图像信息，制作精美的网页还会融合视频、动画等多媒体。网页的制作不仅仅要熟练使用软件，还要掌握网页制作的基础知识。

一、网页与网站

互联网是世界上最大的计算机网络，万维网是其中的一个子集，由分布在全球的众多服务器组成。在依靠网站与网页进行信息传播的基础上，用户可以通过服务器随时随地访问到自己需要的信息，在互联网发展的早期阶段，网站只能保存文本。经过多年的发展，图像、声音、动画、视频和 3D 等技术得到了广泛的应用，并促使网站与用户更好地进行交流。一个优秀的网站应包含独特而精美的网站 logo、内涵丰富的网站广告条和导向性强的导航栏等内容。

1. 网站 logo

网站 logo 设计是网页制作中不可缺少的一个重要环节，也是网站特色和内涵的集中体现，传递网站的定位和理念，以便于用户识别。经调查统计发现，一个网站的浏览量与网站首页的精美程度有着直接关系，网站 logo 作为其中的主体形象，其重要性不言而喻。

2. 网站广告条

网站作为一个逐渐商业化的媒体，其蕴含的广告价值被无限放大。在当今互联网全球化的发展趋势下，众多门户及商业网站已将广告收入看作其生存发展的支柱性收入，而这种广告植入也渐渐得到了网站浏览用户的认同。以往的网站广告主要形式是普通的按钮广告，而近年来长横幅大尺寸广告已经成为采用最多的网站广告形式。

3. 导航栏

作为浏览用户进行信息浏览的路标，导航栏是网站中必不可缺少的元素。用户想要进入网站浏览某项信息时首先会寻找导航栏菜单，通过导航栏便可以直观地了解网站的内容及信息的分类方式，寻找自己需要的资料与感兴趣的内容。一般来说，在网站的上端或左侧设置导航栏是比较普遍的方式。

4. 文本与图像

文本与图像是网页中最基本而又必不可少的构成元素，也是信息传递最简单、最直接有效的方式。

5. 动画

随着当今互联网的快速发展，网页出现了越来越多的多媒体元素，如动画、视频等。在网页中应用的动画元素主要有 GIF 和 Flash 两种形式。GIF 动画的效果单一，已经不能满足用户对视觉效果的需求。随着 Flash 动画制作的不断深入和推广，Flash 动画的应用也越来越广泛，已经成为最主要的网站动画形式，用户能够更加直观、精确地接收到信息内容。

6. 表单

表单作为网站基本构成元素之一，在网站中起着与用户信息沟通交互的作用。在网站的构成中，无论是搜索框与搜索按钮，还是用户注册表单及控制面板，都需要表单及表单元素。表单元素的交互性体现在收集用户信息和帮助用户进行功能性控制。表单在网页中的应用很常见，主要应用在搜索、用户登录及注册等方面，因此表单的交互设计与视觉设计是网站设计中极为重要的环节。

二、网站建设的基本步骤

网站建设的基本步骤如下。

1. 前期策划

在建立一个网站前，需要对网站有一个准确的定位，明确网站的目的与目标人群。针对以上要素开始收集资料并进行前期调研，根据结果进行归纳，以便充分发挥网站的作用。在进行前期定位时，要集众家之策。调动设计团队一起参与讨论，听取团队成员意见，并且针对这些意见进行调整，并结合到前期策划中去。策划时应考虑全面，统筹全局。网站的最终服务对象是用户，因此前期收集用户的反馈及意见想法是极为重要的。前期策划要进行整合调整，根据网站的定位及用户心理找出侧重点进行策划，并且再次对用户进行投入反馈，这是一个循环往复的过程。

2. 网站的实施与建立

网页设计人员应当根据前期策划来设计页面，将每个栏目的具体位置与网站的整体风格确定下来，使设计的网站更具有整体性。同时，设计人员应当准备不同风格的设计方案，每种方案要与网站的定位及整体形象密切结合，兼顾用户心理。设计方案提出后由设计团队讨论决定。在确定好网站的设计方案后，可以进行网站的实施与建立，将网页设计稿制作成网页。由网页制作人员负责实现网页，并且制作成模板。此外，栏目负责人需要同步收集每个栏目的具体内容并整理。网页制作完成后，由栏目负责人向每个栏目中添加具体的网页内容。在进行页面设计的同时，网站程序人员应当编写网站开发程序，并注意选择合适的网站程序开发语言和数据库。

3. 后期维护

网站建成后并不是制作流程的结束，后期维护工作必不可少，特别是信息类网站要定期进行更新。这是网站保持新鲜活力、吸引力及正常运行的保障。网站的后期维护主要包括以下几个方面。

◆网站备份：互联网的普及也会带来安全隐患，普通网站经常会受到木马以及病毒的感染，从而造成服务器崩溃、网站数据丢失等后果，最终导致网站无法正常访问。因此网站的定期备份工作不可或缺。

◆内容更新：要使网站保持一定的新鲜感，网站内容的定时更新是非常必要的，浏览用户每次浏览网站时看到不同的内容会增加其对网站的兴趣度。

◆定期反馈：网站管理人员通过定期查看网站日志，可以了解到搜索引擎何时访问了网站，浏览过哪些页面等，并对这些信息进行反馈，进一步优化网站。

三、常用网页制作工具

制作出一个精美大方的网页，仅依靠一个建站软件是不够的，还需要多种软件的综合应用。常用网页制作工具如下。

1. 图像处理软件

网站宣传广告、网页布局等的设计常常涉及到图像的处理。因此，必须意识到关于图像处理软件选择的重要性，目前大多数网页设计师经常使用的图像处理软件是 Photoshop 与 Firework。

◆ Photoshop：Photoshop 是最为常见的图像处理软件，其图像处理能力十分强大，深受设计帅喜爱。它能够单独进行图像处理，也可制作 GIF 动画、翻转按钮。Photoshop 通过切片工具可以将已经布局好的网页进行切片处理，将每一张图片的大小、格式进行优化设置，功能较为全面。

◆ Firework：Firework 是一款特别为制作网页图像而开发的图片处理软件，Firework 在图像处理、变换图像、制作 GIF 动画、导航栏等方面都能够让使用者轻松掌握，只需要通过它的切片功能就可以将布局好的网页进行切片处理。

2. 视频处理软件

Flash 是最著名的动画制作软件，具有文件容量小、视觉效果优等特点，尤其是视觉效果的高标准深受设计师与广告商的追捧。但同时，Flash 制作出的动画需要特定的播放器才能播放。

3. 网页制作软件

Dreamweaver 是最普遍的网站建设软件之一，它的特点是可以迅速创造动静不同的网页，并且生成的代码较为简短。Dreamweaver 可以编辑专业的可视化网页，同时也能够对网站进行管理和维护，其特点和功能相对于其他软件非常完善和成熟，因此 Dreamweaver 是设计师进行网页设计的首选。

四、HTML5 简介

HTML5，顾名思义是 HTML 的升级版，包括 HTML、CSS 样式和 JavaScript 脚本在内的一整套技术的组合。用户通过 HTML5 能够轻松实现多种丰富的网络应用需求，从而减少浏览器对插件的依赖，并且提供更多能有效增强网络应用的标准集。

1.HTML5 的新文档类型（DOCTYPE）声明

HTML5 的新文档类型（DOCTYPE）声明比较简单，主要内容如下。

```
<!DOCTYPE html>
The new character encoding (charset) declaration is also very simple:

<meta charset="UTF-8">
```

2.HTML5 的新特性

HTML5 的新特性如下。

（1）新的语义元素，例如 <header>，<footer>，<article> 和 <section> 标签。

（2）新的表单控件，例如数字、日期、时间、日历和滑块。

（3）强大的图像支持，借由 <canvas> 和 <svg> 标签实现。

（4）强大的多媒体支持，借由 <video> 和 <audio> 标签实现。

（5）强大的新 API，例如用本地存储取代 cookie。

3.HTML5 标准允许的新属性语法

在 HTML5 允许标准中，根据对属性的需求，一般使用 4 种语法。下面以 HTML5 在 <input> 标签中的使用来演示不同语法，见表 1–1。

HTML5 是近年来 Web 标准最巨大的飞跃，它与以往版本的区别在于 HTML 并非仅用来表示 Web 内容，其目的是将 Web 带入一个成熟的应用平台；在这个平台上，视频、音频、图像、动画的制作，以及同计算机的交互都已经标准化。

表 1-1 HTML5 在 <input> 标签中使用的不同语法

类　型	示　例
Empty	<input type="text" value="John Doe" disabled>
Unquoted	<input type="text" value=John Doe>
Double-quoted	<input type="text" value="John Doe">
Single-quoted	<input type="text" value='John Doe'>

第二节　初识 Dreamweaver CC

Dreamweaver 是一款由 Adobe 公司开发的专业 HTML 编辑器，主要用于对网站、网页和 Web 应用程序进行设计、编码和开发。Dreamweaver 软件自开发以来就作为网页制作工具而被人们广泛使用。Dreamweaver CC 则是 DW 系列的最新版本，它提供了强大的可视化布局工具，应用开发功能和代码编辑支持，如图 1-1 所示。同时，Dreamweaver CC 是代表业界标准的网页开发工具，便于用户高效地设计、开发、维护网站与应用程序。

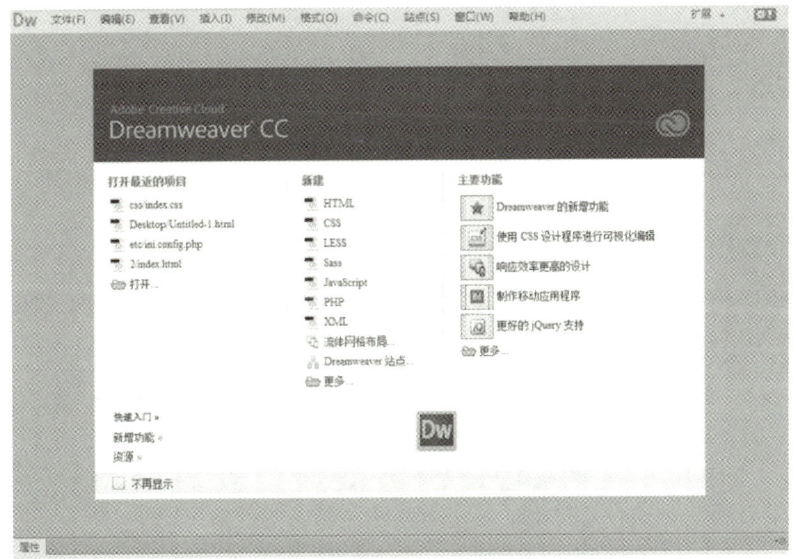

图 1-1 Dreamweaver CC

相对于其他网页设计制作软件来说，Dreamweaver CC 提供了更加强大的编码功能、CSS 渲染和设计支持，且工作区直观方便。而作为 Adobe 开发的系列软件，它可以更好地和其他设计软件如 Flash，Photoshop 相关联，使捷地对网页动画和图像进行编辑操作。

一、认识 Dreamweaver CC 的界面

Dreamweaver CC 的工作界面是以一个将全部元素置于一个窗口的形式呈现的，如

图 1–2 所示。在 Dreamweaver CC 的工作界面中，全部的窗口和面板都被集成到一个更大的应用程序窗口中，用户可以通过该集成窗口查看文档和对象属性。将常用操作工具放置于工具栏中，可以方便用户快速更改文档。

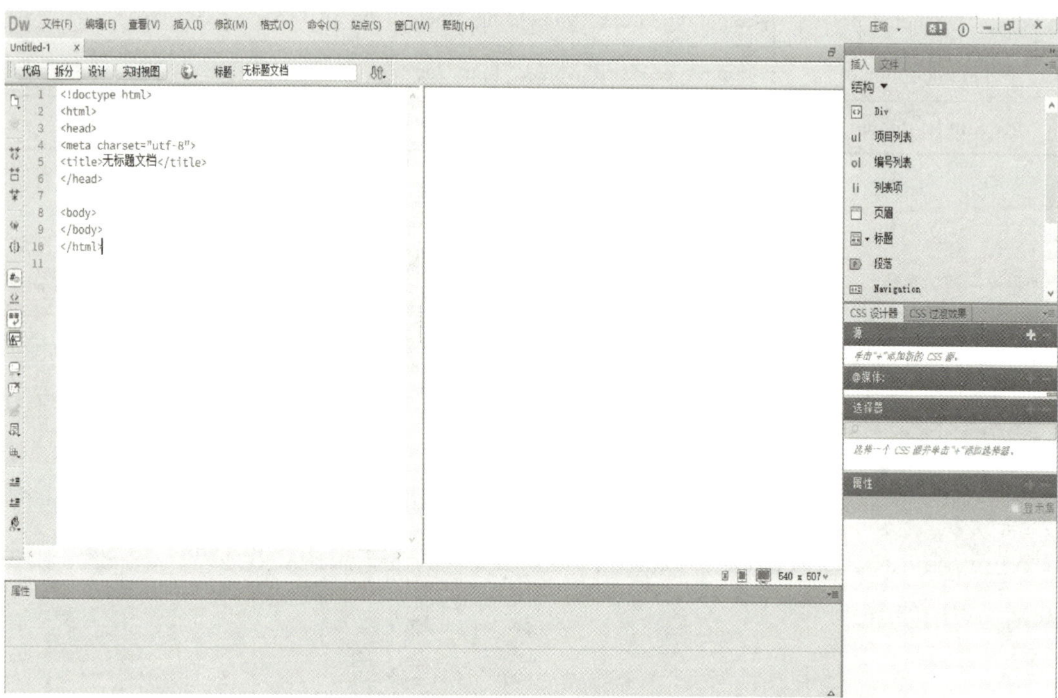

图 1–2 Dreamweaver CC 的工作界面

1. 设计器

单击按钮，可以在下拉菜单中选择适合自己的面板布局方式，如图 1–3 所示。

2. 同步设置按钮

该选项可以将 Dreamweaver CC 与 Creative Cloud 同步。单击【同步设置】按钮后在弹出的窗口中进行同步设置。

3. 菜单栏

菜单栏中包括【文件】、【编辑】、【查看】、【插入】、【修改】等 Dreamweaver CC 操作指令，如图 1–4 所示。

图 1–3 单击按钮

图 1–4 菜单栏

4. 文档工具栏

文档工具栏可提供各种文档窗口视图的选项，便于查看选项和一些常用操作，如图 1–5 所示。

图 1–5 文档工具栏

5. 代码视图窗口

如图 1–6 所示，代码视图窗口可以显示当前编辑页面的相应代码，并通过代码窗口左侧相应的代码工具，在代码中插入注释，简化代码操作等。

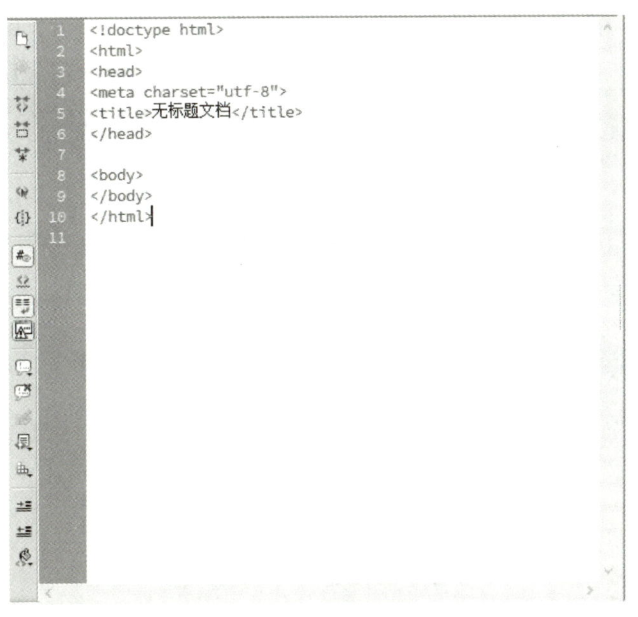

图 1–6 代码视图窗口

6. 设计视图窗口

设计视图窗口可以显示当前制作页面的效果，如通过使用各种工具在窗口中输入文字、插入图像等，如图 1–7 所示。

图 1–7 设计视图窗口

7. 标签选择器

标签选择器可以显示环绕当前选定内容的标签的层次结构。单击该层次结构中的任意标签可以选择该标签及其全部内容，如图 1–8 所示。

<body><div>

图 1-8　标签选择器

8. 状态栏

状态栏包括 3 个按钮和 1 个【窗口大小】选项，三个按钮的自由切换可以将设计视图分别呈现在手机、平板电脑和台式电脑中。通过【窗口大小】选项可以设置设计视图窗口显示的尺寸大小，如图 1-9 所示。

图 1-9　状态栏

9. 属性面板

属性面板主要用于查看和更改所选对象或文本的各种属性。选中不同的对象，则在属性面板中显示不同的内容，如图 1-10 所示。

图 1-10　属性面板

10. 面板组

面板组主要用于帮助用户监控和修改工作，如【插入】面板、【CSS 设计器】面板。双击相应的选项卡，可以展开或折叠当前选项卡，如图 1-11 所示。

二、站点的规划与创建

制作一个网站从构建站点开始。在构建站点前，需要对站点的结构进行规划，使网站的结构目录更加清晰。如果制作的网站规模大、分类多且栏目复杂，站点的规划就显得尤为重要。

1. 划分站点目录

将网站中相关联、分类相同的文件放在各自目录中，而涉及网站具体内容的部分分别放置在各自文件夹中。

2. 不同种类的文件放在不同的文件夹中

如今的互联网网站结构复杂，种类多样，除了具有标准的HTML格式文件外还有其他图像格式文件、动画文件、视频文件等。这些文件应分门别类放置在各自的文件夹中，才能更有效地对文件进行管理。

【示例 1】创建本地站点。

（1）选择【站点】→【新建站点】命令，弹出【站点设置对象】对话框，如图 1-12 所示。在该对话框

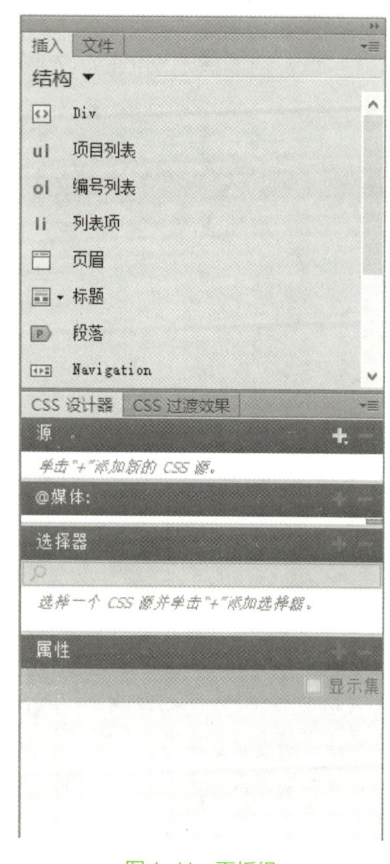

图 1-11　面板组

中的【站点名称】文本框中输入站点的名称。

（2）单击【本地站点文件夹】文本框右侧的【浏览】按钮，弹出【选择根文件夹】对话框，此时可以浏览到本地站点的位置，如图 1–13 所示。

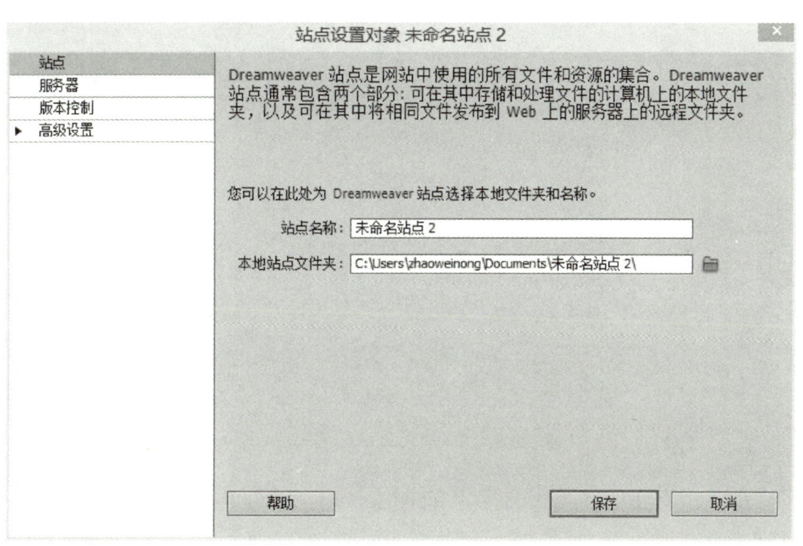

图 1–12　【站点设置对象】对话框

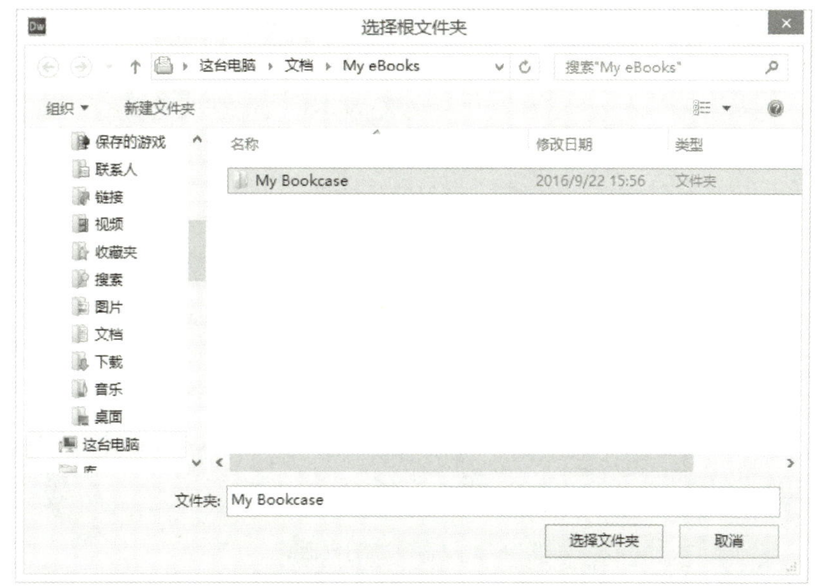

图 1–13　【选择根文件夹】对话框

（3）单击【选择文件夹】按钮，确定本地站点根目录的位置，单击【保存】按钮，即可完成本地站点的创建，如图 1–14 所示。

三、管理站点

对 Dreamweaver CC 中的站点进行编辑、删除、复制等操作，可以执行【站点】→【管理站点】命令，在弹出的【管理站点】对话框中可以对 Dreamweaver CC 站点进行全面的管理操作。

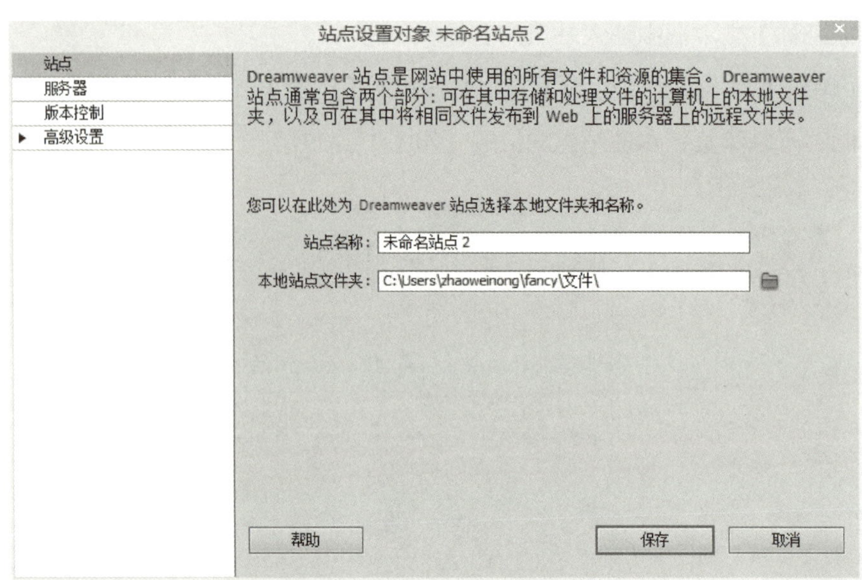

图 1-14　本地站点创建完成

◆站点列表框：列表框中显示了当前在 Dreamweaver CC 中创建的所有站点，并且显示了各个站点的类型，可以在其中选中需要管理的站点，如图 1-15 所示。

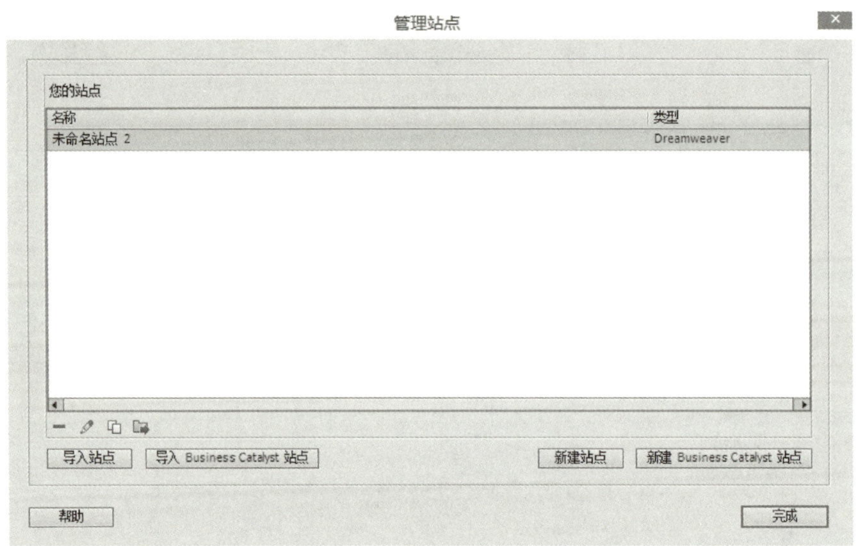

图 1-15　【管理站点】对话框

◆删除当前选定的站点：单击该按钮，弹出提示框，点击【是】，即可删除当前选中的站点。这里删除的只是在 Dreamweaver CC 中创建的站点，该站点中的文件并不会被删除。

◆编辑当前选定的站点：单击该按钮，弹出【站点设置对象】对话框，在该对话框中可以对选中的站点设置信息进行修改。

◆复制当前选定的站点：单击该按钮，即可复制选中的站点并得到该站点的副本。

◆导出当前选定的站点：单击该按钮，弹出【导出站点】对话框，选择导出站点的位置，在【文件名】文本框中为导出的站点文件设置名称。单击【保存】按钮，即可将选中的站点导出为一个扩展名为 .set 的 Dreamweaver CC 站点文件。

◆导入站点：单击该按钮，弹出【导入站点】对话框，在该对话框中选择需要导入的站点文件，单击【打开】按钮，即可将该站点文件导入到 Dreamweaver CC 中。

◆导入 Business Catalyst 站点：单击该按钮，弹出【Business Catalyst】对话框，显示当前用户所创建的 Business Catalyst 站点，选择需要导入的 Business Catalyst 站点，单击【Import Site】按钮，即可将选中的 Business Catalyst 站点导入到 Dreamweaver CC 中。

◆新建站点：单击该按钮，弹出【站点设置对象】对话框，可以创建新的站点。

◆新建 Business Catalyst 站点：单击该按钮，弹出【Business Catalyst】对话框，可以创建新的 Business Catalyst 站点。

四、站点窗口

1. 服务器

如果用户需要使用 Dreamweaver CC 连接远程服务器，将本地站点中的文件通过 Dreamweaver CC 上传到远程服务器，需要在创建站点时设置【服务器】选项卡中的相关选项，否则不需要设置。

（1）在【站点设置对象】对话框中单击【服务器】选项，可以切换到【服务器】选项卡。

（2）单击【添加新服务器】按钮，可弹出【服务器设置】对话框，并针对选项卡中的【基本】、【高级】两个选项进行设置，如图 1-16 所示。

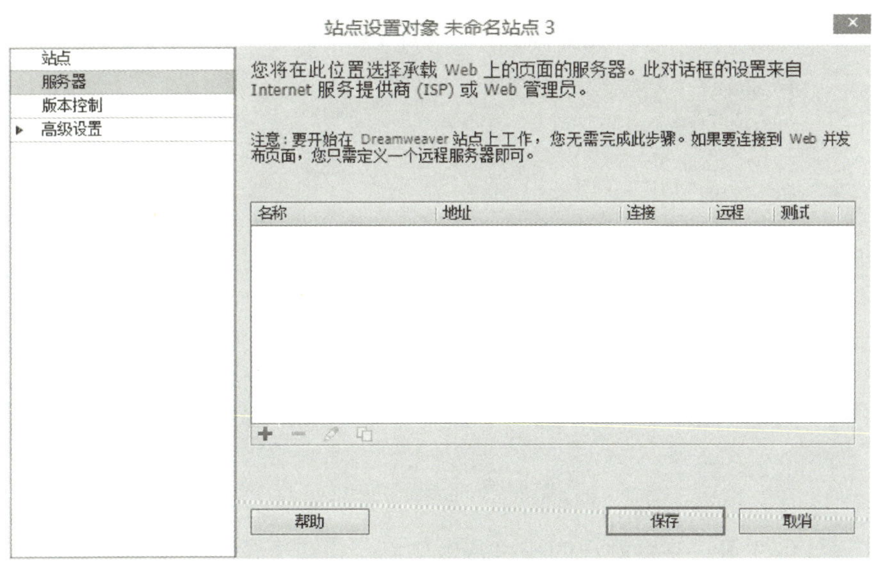

图 1-16 【服务器设置】对话框

2. 高级设置

①【本地信息】：设置窗口如图 1-17 所示，包括以下内容。

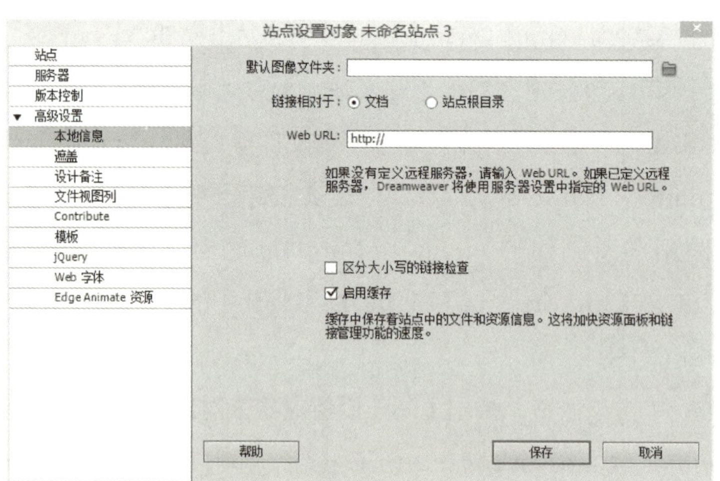

图 1-17 【高级设置】对话框

◆【默认图像文件夹】：用于设置站点中默认的图像文件夹。

◆【链接相对于】：设置站点中链接的方式，可以选择【文档】或【站点根目录】。默认情况下，Dreamweaver CC 创建【文档】的相对链接。

◆【Web URL】：可在该文本框中输入 Web 站点的 URL 地址。

◆【区分大小写的链接检查】：在 Dreamweaver CC 中检查链接时，将检查链接的大小写与文件名大小写是否匹配。

◆【启用缓存】：用于指定是否创建本地缓存，提高链接和站点管理任务的速度。

②【遮盖】：使用文件遮盖后，可在进行站点操作时排除被遮盖的文件，如图 1–18 所示。

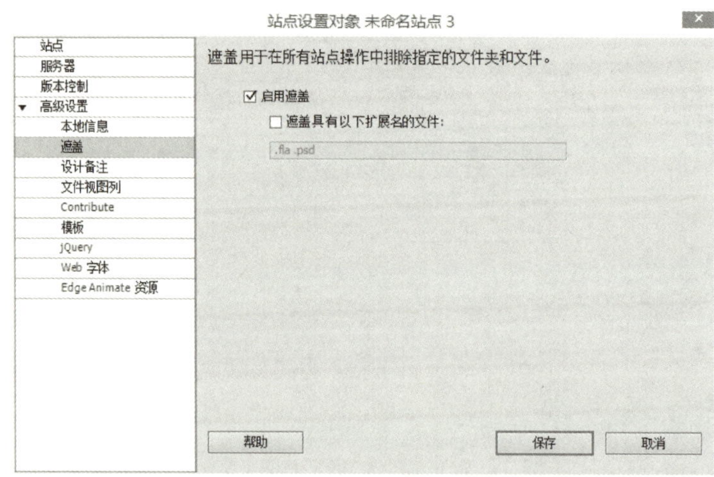

图 1-18 【遮盖】对话框

③【设计备注】：开发站点时记录开发信息，也可上传至远端服务器，如图 1–19 所示。

④【文件视图列】：设置站点管理器中文件浏览窗口所显示的内容，如图 1–20 所示。点击【 + 】按钮，将弹出【添加新列】对话框，如图 1–21 所示。

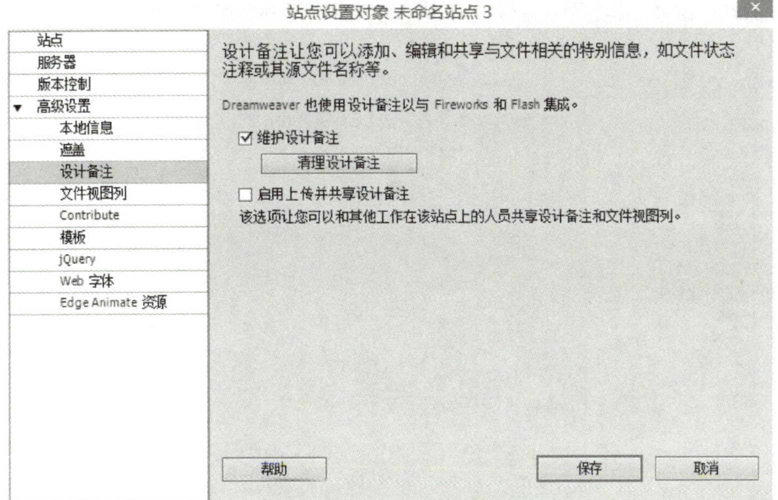

图 1-19　【设计备注】对话框

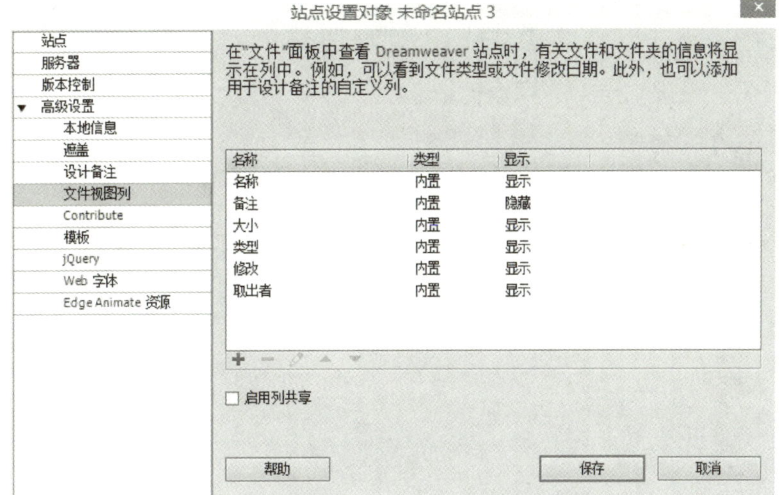

图 1-20　【文件视图列】对话框

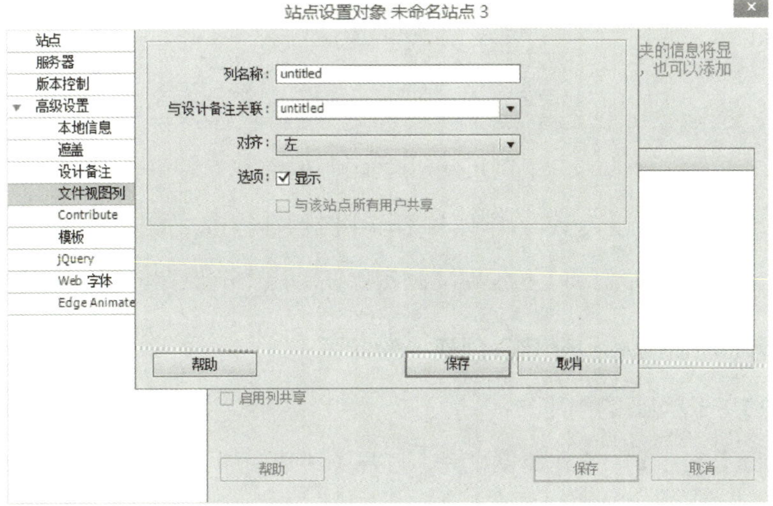

图 1-21　【添加新列】对话框

13

⑤【Contribute】：便于用户向此网站发布内容，如图 1–22 所示。

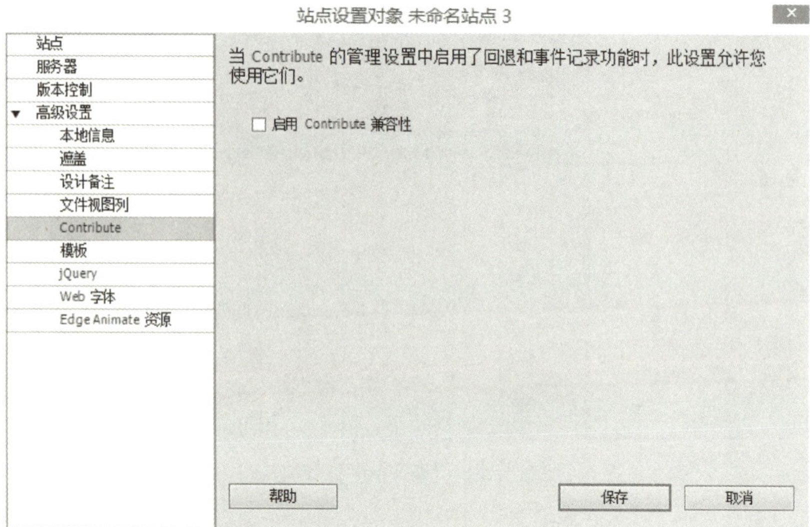

图 1–22 【Contribute】对话框

⑥【模板】：设置站点中的模板更新选项。

⑦【jQuery】：设置 jQuery 资源文件夹的位置，如图 1–23 所示。

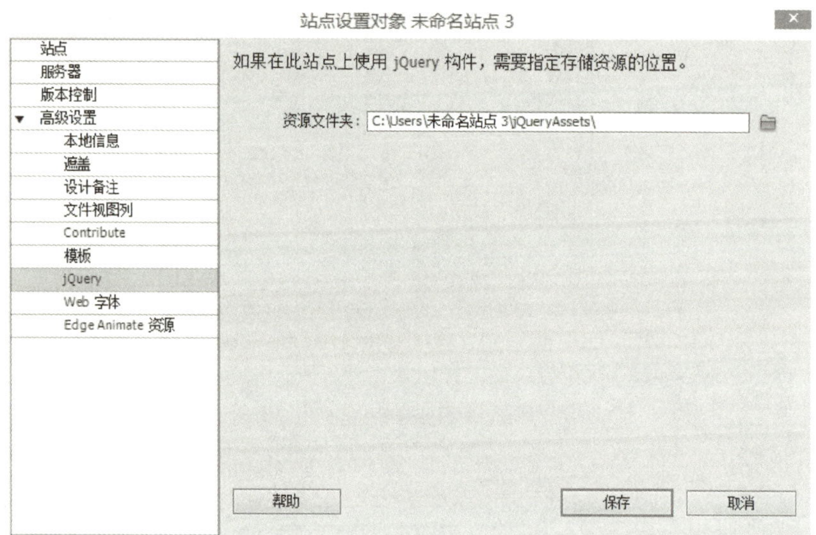

图 1–23 【jQuery】对话框

⑧【Web 字体】：设置 Web 字体在站点中的保存位置，如图 1–24 所示。

⑨【Edge Animate 资源】：设置动画资源在站点中的保存位置，如图 1–25 所示。

五、利用 Dreamweaver CC 创建一般网页

【示例 2】一般网页的创建。

（1）执行【文件】→【新建】命令，打开【新建文档】对话框，在【新建文档】对话框中选择【HTML】选项，然后单击【创建】按钮，如图 1–26 所示。此时已创建一个网页，如图 1–27 所示。

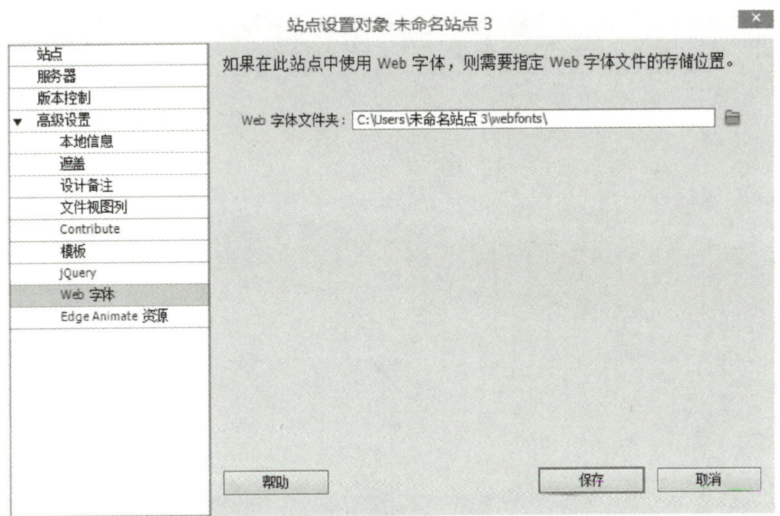

图 1-24 【Web 字体】对话框

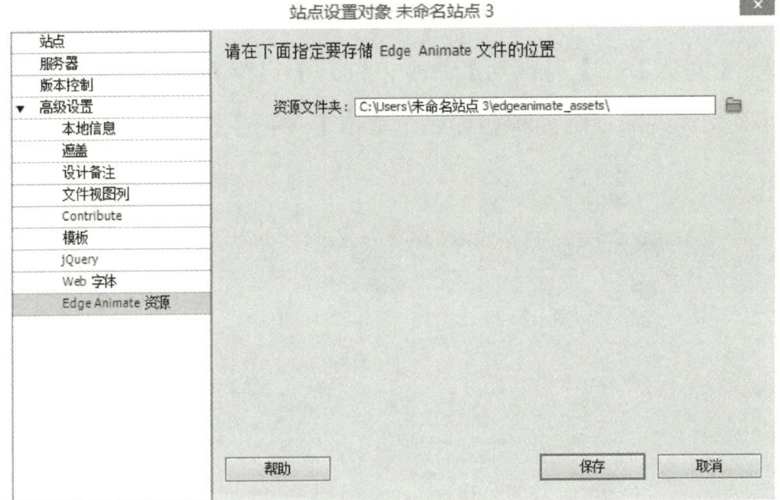

图 1-25 【Edge Animate 资源】对话框

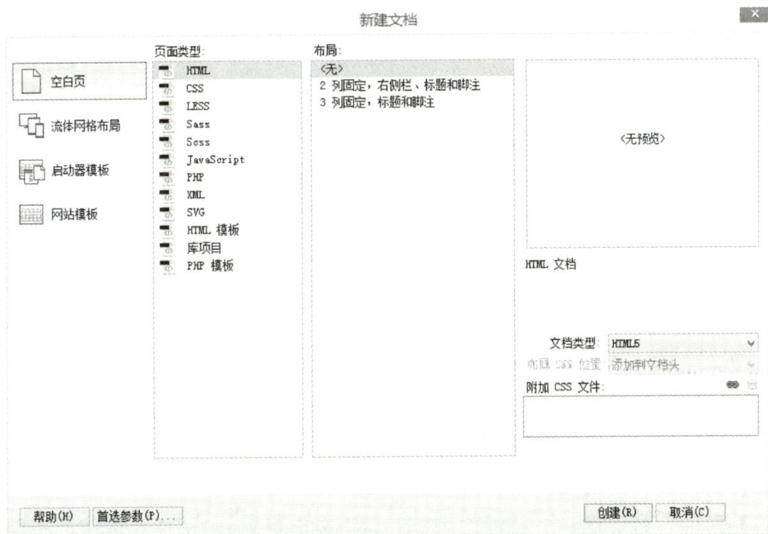

图 1-26 单击【创建】按钮

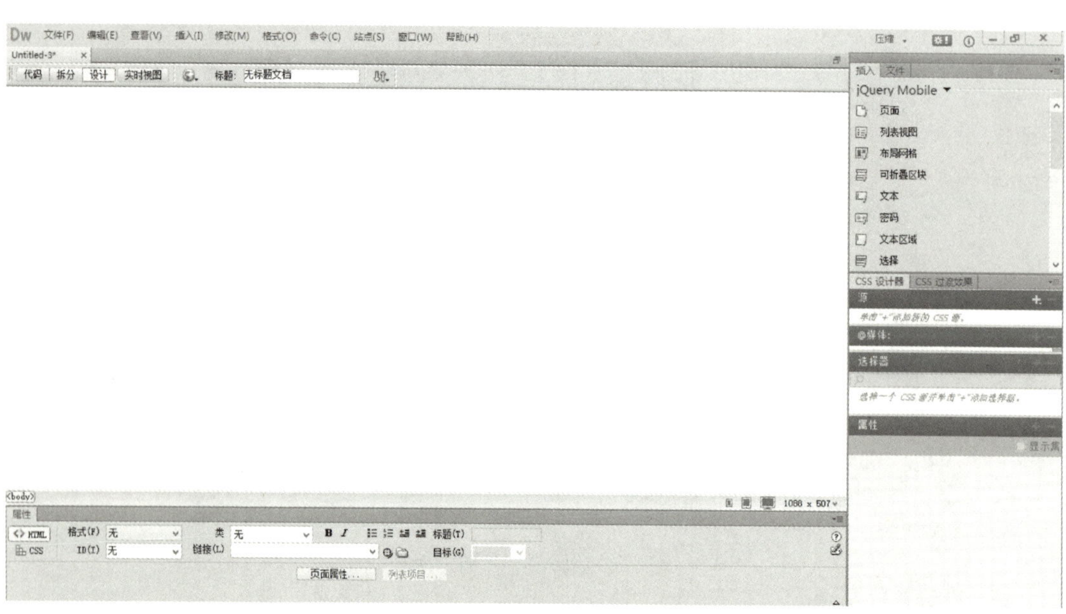

图 1-27　创建一个网页

（2）执行【文件】→【另存为】命令，打开【另存为】对话框，在【另存为】对话框中设置网页文件的保存路径和名称后，单击【保存】按钮，将网页进行保存，如图 1-28 所示。

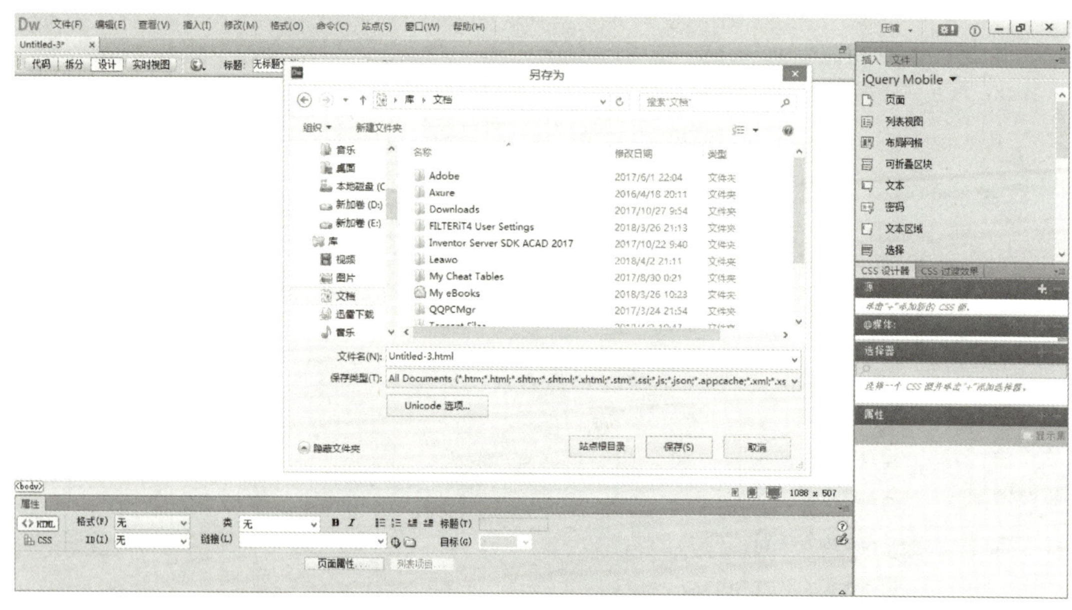

图 1-28　保存网页

（3）执行【修改】→【页面属性】命令，弹出【页面属性】对话框，在【分类】列表中选中【外观（CSS）】选项，如图 1-29 所示。

（4）单击【页面字体】下拉列表按钮，在弹出的下拉列表中选中【管理字体】选项。弹出【管理字体】对话框，选择【自定义字体堆栈】选项，在【可用字体】列表框中选择【仿宋】选项，然后单击 << 按钮，将该字体添加至【选择的字体】列表框中，如图 1-30 所示。

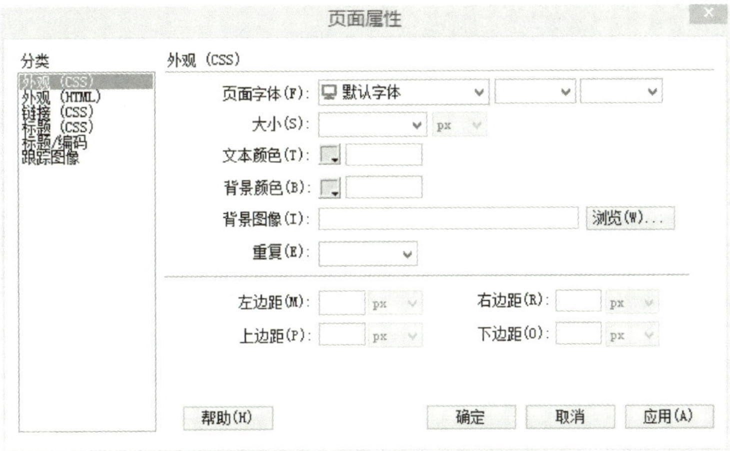

图 1-29 选中【外观（CSS）】选项

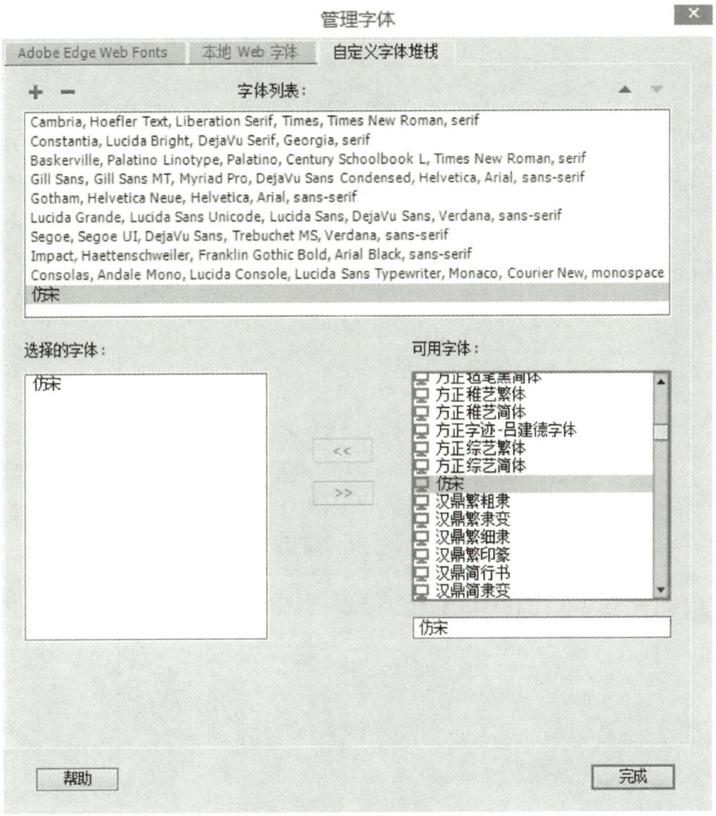

图 1-30 添加字体

（5）单击【完成】按钮，返回【页面属性】对话框，单击【页面字体】下拉列表按钮，在弹出的下拉列表中选中【仿宋】选项。

（6）单击【文本颜色】下拉列表按钮，在弹出的下拉列表中选择一种文本颜色，如图 1–31 所示。

（7）在【页面属性】对话框的【分类】列表中选中【链接（CSS）】选项，在【链接颜色】文本框中设置页面中超链接文本的颜色，在【已访问链接】文本框中设置页面中访问后的超链接文本颜色，如图 1–32 所示。

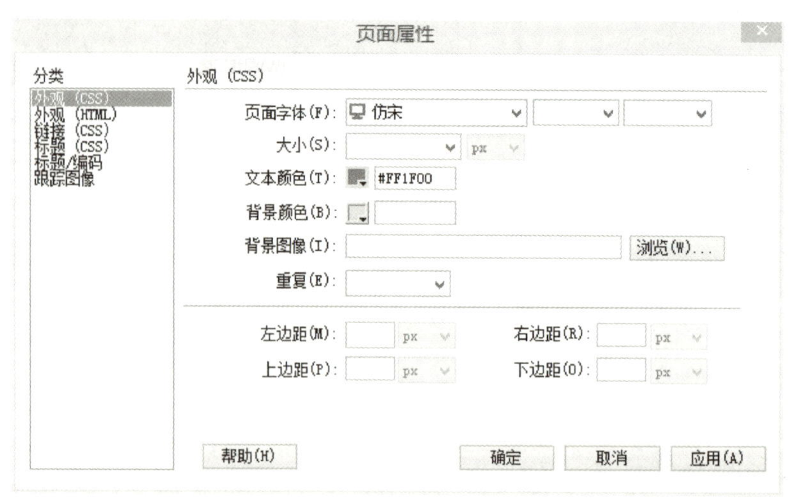

图 1-31　选择文本颜色

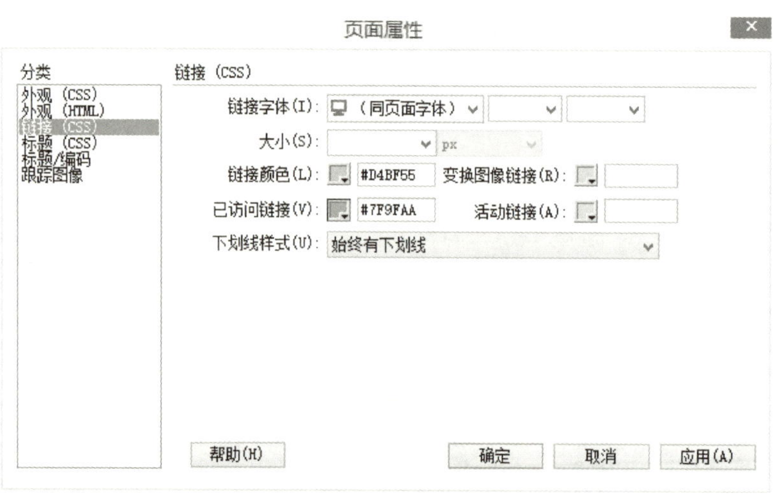

图 1-32　设置页面中访问后的超链接文本颜色

（8）在【页面属性】对话框的【分类】列表中选中【标题 / 编码】选项。然后单击【编码】下拉列表按钮，在弹出的下拉列表中选择一种字体，如图 1-33 所示。

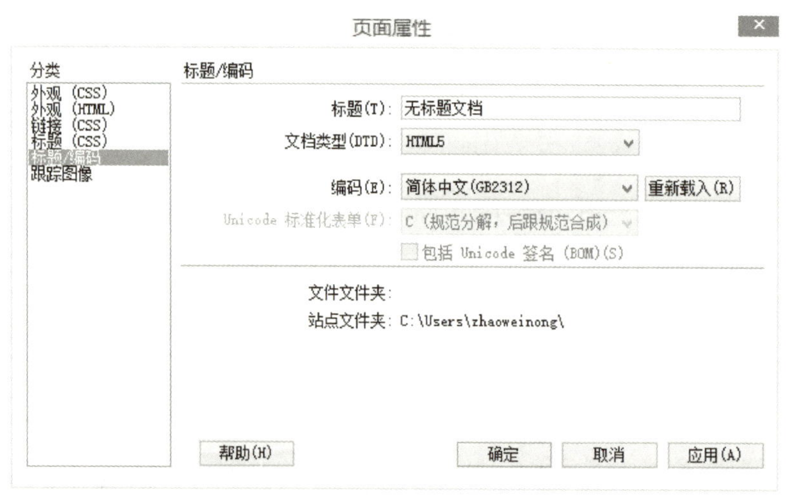

图 1-33　选择标题 / 编码字体

（9）在【页面属性】对话框中单击【应用】按钮，再单击【确定】按钮，关闭对话框。

（10）执行【编辑】→【首选项】命令，打开【首选项】对话框。在【分类】下拉列表中选择【窗口大小】选项，在对话框右侧的【窗口大小】选项区域中，单击【+】按钮，添加一个自定义窗口大小，如图 1-34 所示。

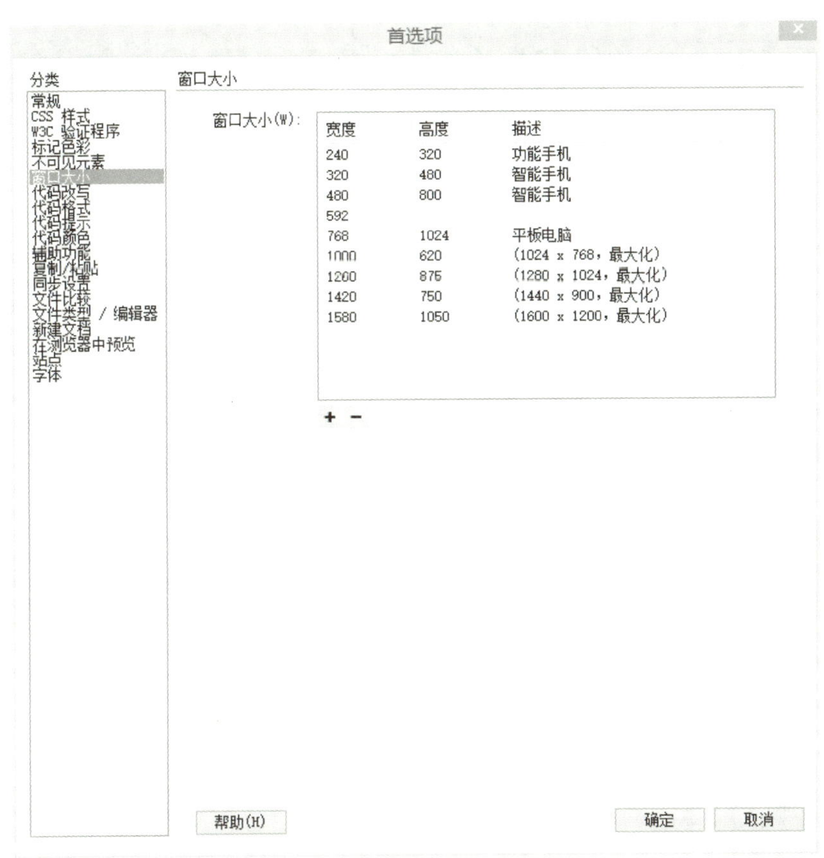

图 1-34 添加自定义窗口大小

（11）单击【应用】按钮后再单击【关闭】按钮，关闭【首选项】对话框。

（12）在状态栏右侧单击【窗口大小】下拉列表按钮，在弹出的下拉列表中可以选择【自定义】选项，此时网页将按照自定义窗口大小显示。

第二章 在网页中使用文本、图像和多媒体

第一节 在网页中使用文本

一、插入普通文本对象

在 Dreamweaver CC 中插入普通文本有以下两种方式：直接在文档的窗口中输入文本和使用其他文本编辑器中带格式的文本。

【示例 1】在文档的窗口中输入文本。

复制所需的文本到 Dreamweaver CC 的编辑窗口并选择【编辑】→【粘贴】即可。在编辑器中粘贴的文本应确定是否粘贴了文本的源格式。操作步骤如下。

（1）选择工具栏【编辑】→【选择性粘贴】命令。此时可以进行多种不同的粘贴操作。例如，仅粘贴文本，或仅粘贴基本格式文本等，如图 2-1 所示。

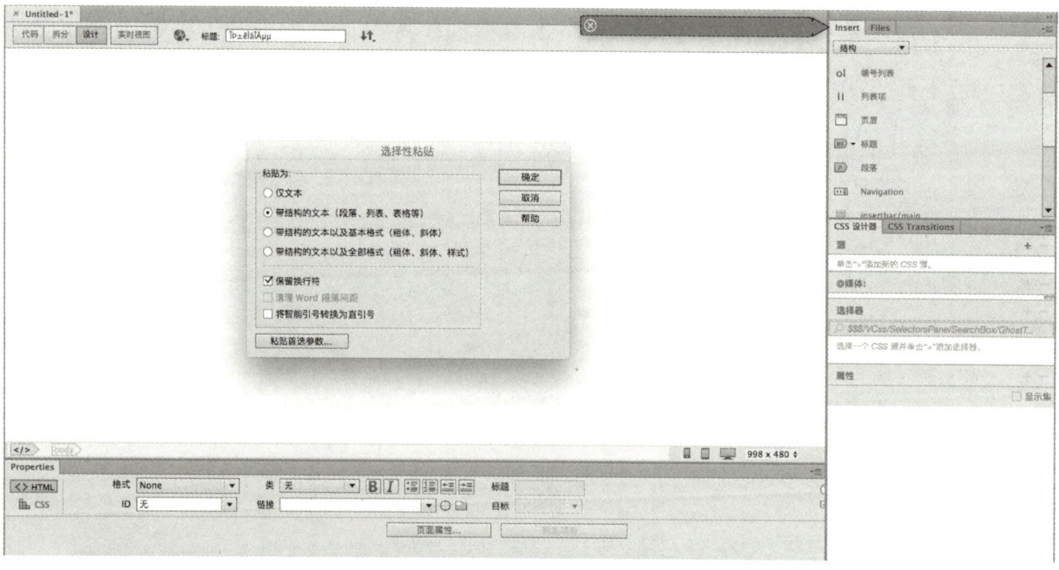

图 2-1 【选择性粘贴】对话框

（2）在【选择性粘贴】对话框左下方点击【粘贴首选参数】选项可清理在 Word 文档中复制文本的的行间距和是否保留换行符，如图 2–2 所示。

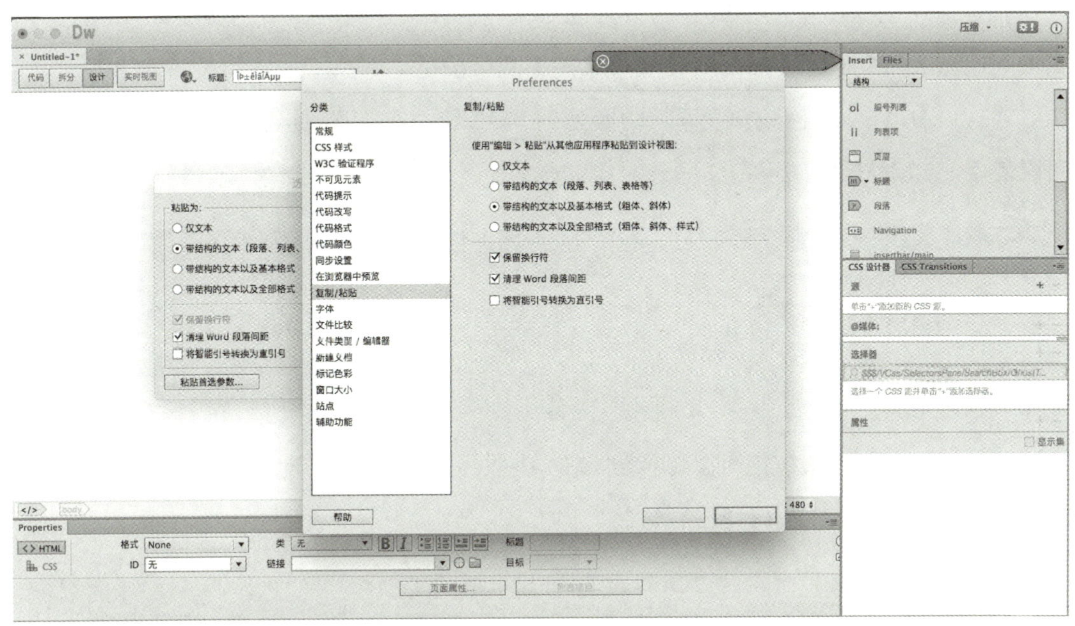

图 2–2　【粘贴首选参数】选项卡

【示例 2】使用其他文本编辑器中带格式的文本。

在 Word 文档中选择一段带格式的文本，然后在 Dreamweaver CC 编辑窗口中进行粘贴，则效果如图 2–3 所示。

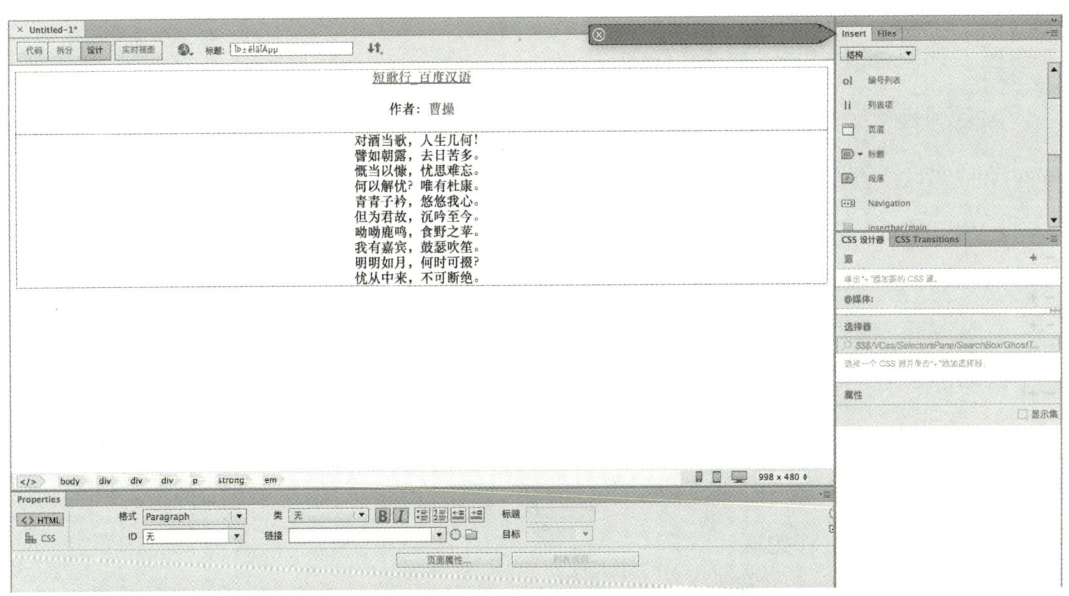

图 2–3　使用其他文本编辑器中带格式文本的粘贴文本效果

二、插入特殊文本对象

输入普通文本之后，可以设置文本的属性及特殊的文本对象，如文字的字体、大小和颜色、文本的对齐方式等。这些文本的特殊格式一般是在属性面板中设置的，属性面板一般位于编辑窗口的下方。

如果界面中没有显示属性面板，可以选择【窗口】→【属性】命令打开属性面板。

根据选中对象的不同，属性面板分为 CSS 和 HTML 两种类型的面板选项状态。在属性面板左上角会显示【HTML】和【CSS】两个按钮。

【HTML】：点击该按钮可以切换到 HTML 状态，如图 2–4 所示，在这种状态下可以使用 HTML 属性来自定义所选对象的样式。

图 2–4　切换到 HTML 状态

【CSS】：点击该按钮可以切换到 CSS 状态，如图 2–5 所示，在这种状态下可以使用 CSS 样式来自定义所选对象的样式。

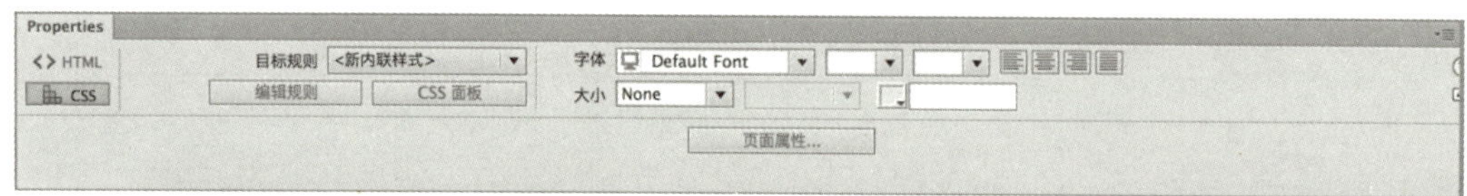

图 2–5　切换到 CSS 状态

若要设置文本属性，应先在编辑窗口中选中需要设置属性的文本，然后根据所需自定义文本的属性样式。

三、项目列表和编号列表

项目列表和编号列表主要用于将页面中的内容信息进行整合分类。项目列表用来标记无序的项目，编号列表则用来记录有序的项目。

Dreamweaver CC 允许设置多种项目列表格式，例如项目、符号和编号列表。设置段落信息的项目列表是 Dreamweaver CC 中可视化操作的一个重要的格式设置内容。

如果想将网页内容排序，可在属性面板的【HTML】选项中选择两个设置列表的按钮，即【项目列表】按钮 和【编号列表】按钮 ，采用两种不同的方式编辑列表信息。

【示例 3】在 Dreamweaver CC 中创建项目列表。

在项目列表中，各个列表项之间没有顺序级别之分，即使用一个项目符号作为每条列表的前缀。操作步骤如下。

（1）新建网页，在页面中输入几段文本，其中第一行文本在属性面板中的【格式】选项中设置标题 1（Heading），其他几行文本设置为段落文本（paragraph），如图 2–6 所示。

（2）选中所有的段落文本（paragraph），在属性面板的【HTML】选项中单击【项目列表】按钮，此时段落文本就具有了前缀符号，如图 2–7 所示。

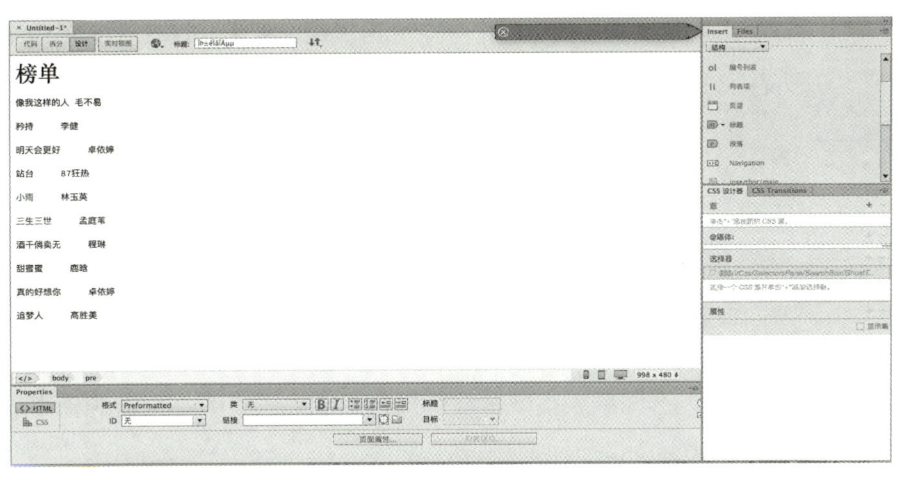

图 2-6 新建网页

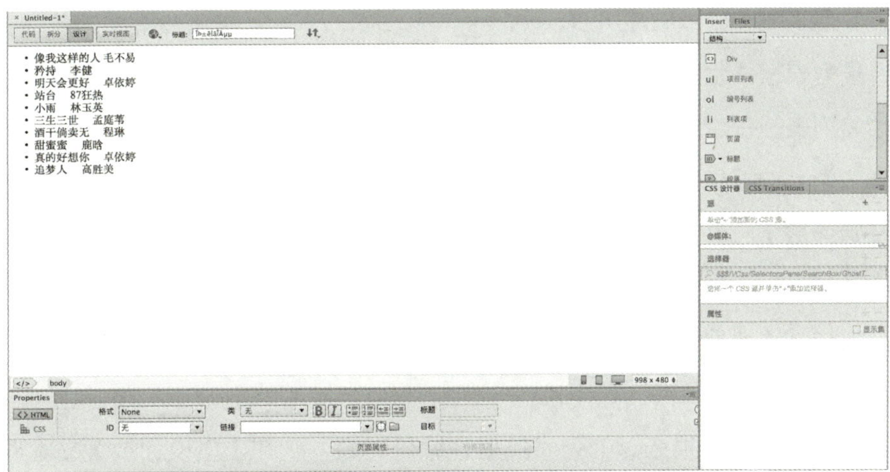

图 2-7 段落文本的前缀符号

【示例 4】在 Dreamweaver CC 中创建编号列表。

操作步骤如下。

（1）选中段落文本，然后在属性面板的【HTML】选项中单击【编号列表】按钮。将无序的项目列表文本转化为有序的编号列表文本，如图 2-8 所示。

图 2-8 有序的编号列表文本

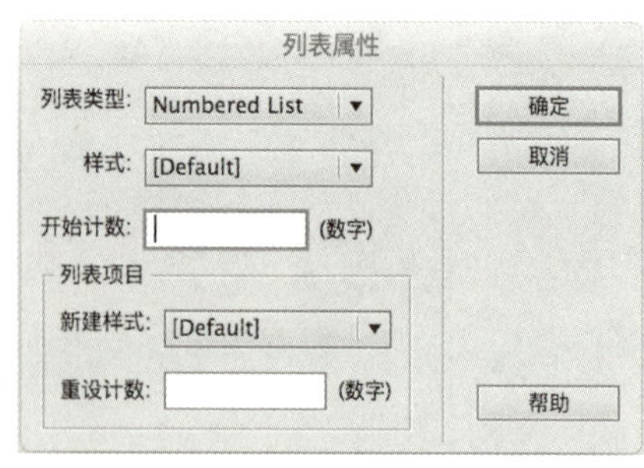

图 2–9 【列表属性】对话框

（2）当属性面板【HTML】选项卡中的【列表项目】按钮显示为有效状态，单击【列表项目】按钮可以打开【列表属性】对话框进行设置，如图 2–9 所示。

设置项目列表的属性包括选择列表的类型、项目列表中项目符号的类型、编号列表中项目编号的类型。

【列表类型】：可以选择列表类型，该选择将影响插入点所在位置的整个项目列表的类型，主要包括以下内容。

①项目列表——生成带有项目符号式样的无序列表。

②编号列表——生成有序列表。

③目录列表——生成目录列表，用于编排目录。

④菜单列表——生成菜单列表，用于编排菜单。

【样式】：选择相应的项目列表样式。

【开始计数】：在选择编号列表的基础上，点击【开始计数】文本框，可以选择编号的起始数字。

【新建样式】：可以是项目列表中的列表项指定新的样式，此时从插入点所在行及其后的行将会使用新的项目列表样式。

【重设计数】：如果选择的列表类型是编号列表，则在【重设计数】文本框中可以输入新的编号起始数字。

四、水平线、网格与标尺

1. 设置辅助线

水平线是从标尺拖动到文档上的线条，有助于更加准确地放置和对齐对象。可以使用水平线来测量页面元素的大小，或者模拟 Web 浏览器的重叠部分（可见区域）。为了使网页内的设计元素对齐，该应用程序还允许将元素靠齐到水平线，以及将水平线靠齐到元素。此外，还可以锁定水平线，以防在操作的过程中不小心移动辅助线。

(1) 创建水平辅助线或垂直辅助线。

①从相应的标尺内向文档框中拖动。

在【文档】窗口中定位辅助线，然后松开鼠标按钮（可通过再次拖动辅助线来重新定位）。

注意：默认情况下是以绝对像素度量值来记录辅助线与文档顶部或左侧的距离，并相对于标尺原点显示辅助线。若要以百分比形式记录辅助线，应在创建或移动辅助线时按住【Shift】键。

②辅助线选项。

【显示 / 隐藏辅助线】：选择【查看】→【辅助线】→【显示辅助线】，如图 2–10 所示。

【靠齐辅助线】：选择【视图】→【辅助线】→【靠齐辅助线】，如图 2–10 所示。

【锁定或解锁所有辅助线】：选择【视图】→【辅助线】→【锁定辅助线】，如图 2–10 所示。

【删除辅助线】：将辅助线拖离文档。

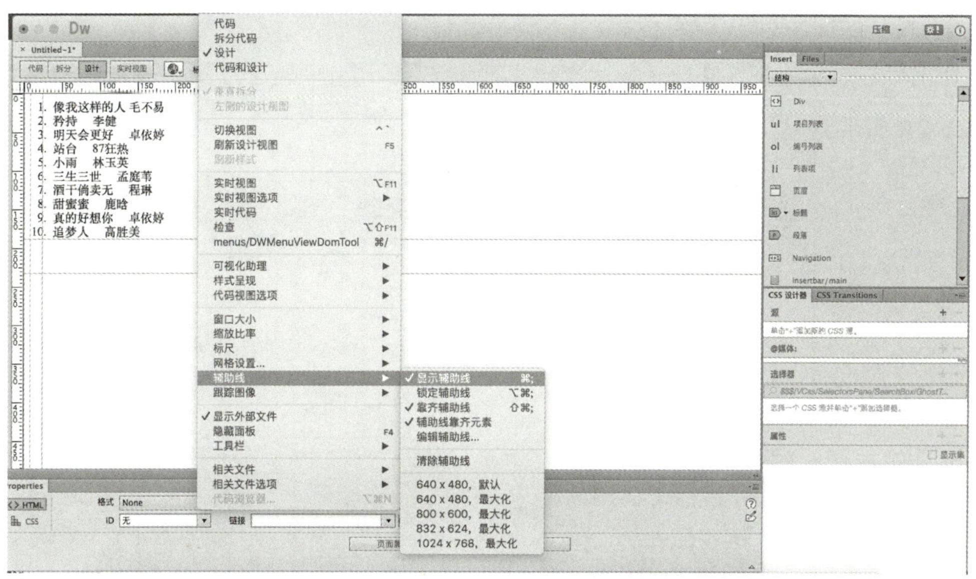

图 2–10　辅助线选项

（2）查看辅助线之间的距离。

点击【Ctrl】键或【Command】键，并将鼠标指针保持在两条辅助线之间的任意位置，即可确定两条辅助线的间距，如图 2–11 所示。

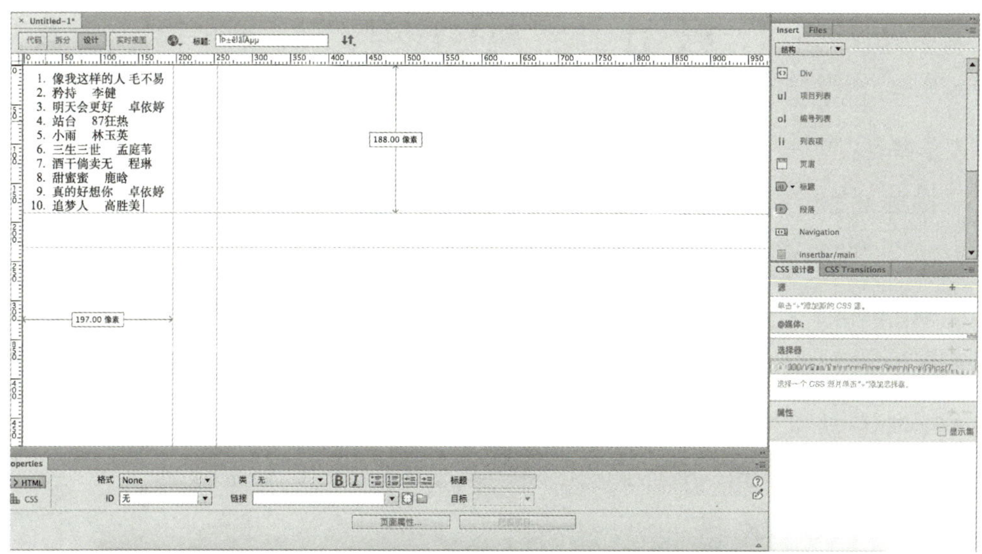

图 2–11　查看辅助线之间的距离

（3）查看辅助线并将其移至特定位置。

①将鼠标指针停留在辅助线上以查看其位置。

②双击该辅助线。

③在【移动辅助线】对话框中输入新的位置，然后单击【确定】按钮。

2. 设置标尺

标尺可帮助测量、组织和规划布局。标尺可以显示在页面的左边框和上边框，以像素、英寸或厘米为单位来标记。

（1）打开和关闭标尺。

在工具栏选择【视图】→【标尺】→【显示 / 隐藏】，完成打开或关闭标尺的指令，如图 2–12 所示。

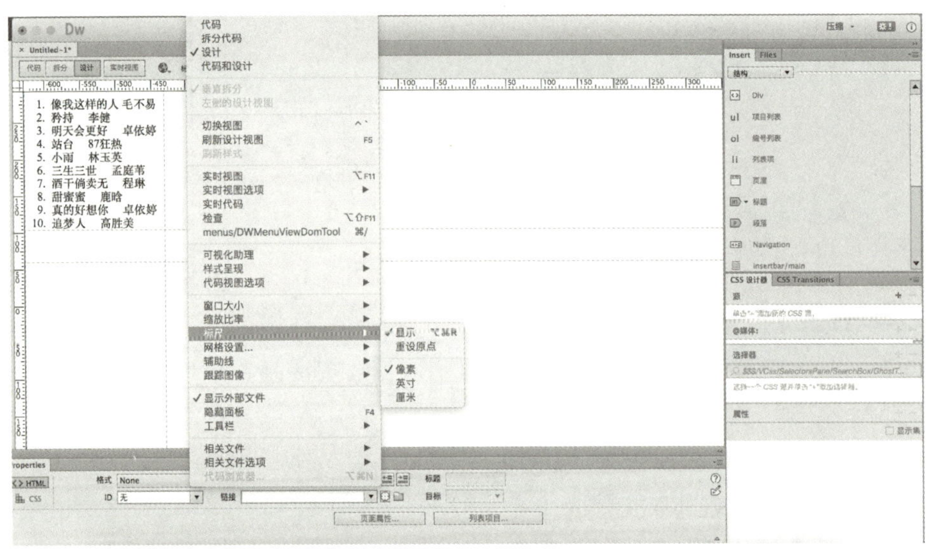

图 2–12　打开或关闭标尺

（2）标尺更改原点。

将标尺原点图标（在【文档】窗口的【设计】视图左上角）拖到页面上的任意位置，即可更改标尺原点。若要将原点重设到它的默认位置，选择【视图】→【标尺】→【重设原点】命令。

若要更改度量单位，应执行【查看】→【标尺】命令来选择需要的标尺度量单位，如像素、英寸或厘米。

3. 使用网格

网格在【文档】窗口中显示一系列的水平线和垂直线，能有效并精确地放置对象，并让经过绝对定位的网页元素在移动时自动靠齐网格，还可以通过指定网格设置更改网格或控制靠齐行为。无论网格是否可见，都可以使用【靠齐到网格】选项。

（1）显示或隐藏网格。

通过选择【视图】→【网格】→【显示网格】来完成，如图 2–13 所示。

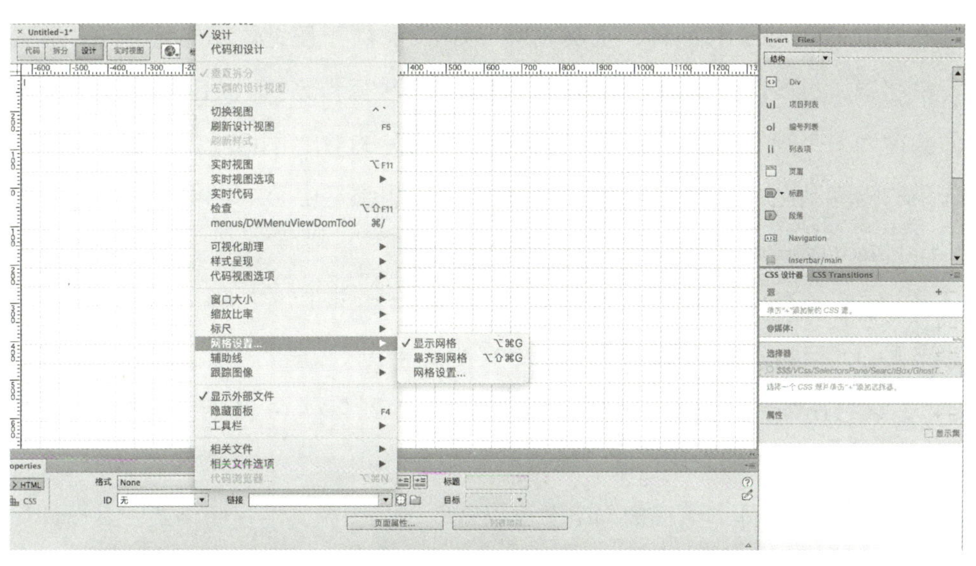

图 2-13　显示网格

（2）启用或禁用靠齐选择。

执行【视图】→【网格】→【靠齐到网格】命令，选择 AP 元素并拖动它，当 AP 元素靠近网格线一定距离时，该 AP 元素会自动跳到最近的网格位置上。

（3）更改网格设置。

选择【视图】→【网格】→【网格设置】命令，如图 2-14 所示。

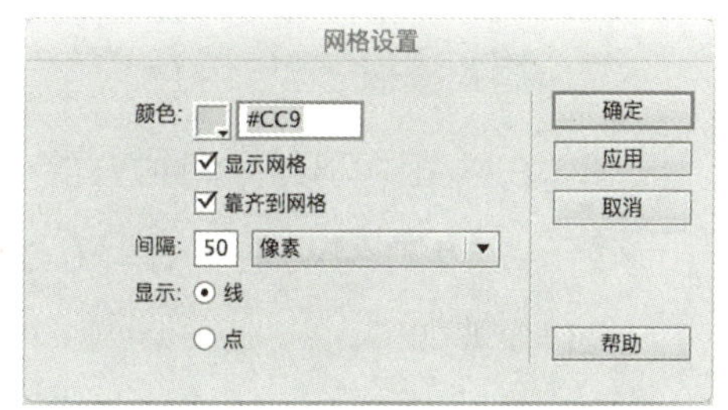

图 2-14　【网格设置】对话框

【颜色】：设置网格的颜色，默认是土黄色。

【显示网格】：选择此项使网格显示出来。与“查看｜网格设置｜显示网格”命令相同。

【靠齐到网格】：选择此项使 AP 元素吸附到网格上。与“查看｜网格设置｜靠齐到网格”命令相同。

【间隔】：定义网格之间的距离。左边文本框应输入一个数值，右边文本框选择单位，有像素、英寸和厘米三种单位可以选择。

【显示】：设置网格显示“线”或显示“点”。

第二节　在网页中应用图像

一、网页中图像的格式及来源

图像格式众多，在网页中使用的图像格式通常有 GIF、JPEG 和 PNG 三种。这三种图像格式各自的优势如下。

【GIF 图像】：GIF 的原义是“图像互换格式”，其压缩率一般在 50% 左右。GIF

分为静态 GIF 和动态 GIF 两种，扩展名为“.gif”，属于压缩位图格式。GIF 格式支持透明背景图像，最多可实现 256 种颜色，适用于多种操作系统。GIF 图像实质上是将多幅图像保存为一个图像文件，从而形成动画。最常见的 GIF 图像就是通过一帧帧的动画串联起来的幽默动图，此外，网络上的很多小动画也都是由 GIF 图像生成的，所以归根到底 GIF 图像仍然是图片文件格式。

【JPEG 图像】：JPEG 图像支持 1670 万种颜色，可以很好地再现摄影图像，尤其是色彩丰富的大自然景物图像。JPEG 图像文件支持最大限度的压缩，压缩比率可以高达 100 ：1，这种压缩会损耗图像质量。但在 10 ：1 到 20 ：1 的压缩比率下，JPEG 图像可以轻松地压缩文件而且保持图片质量不会下降。

【PNG 图像】：即“可移植网络图形格式”，是图像文件存储格式，其设计目的是试图替代 GIF 和 JPEG 文件格式，同时增加一些 GIF 文件格式所不具备的特性。PNG 图像支持 Alpha 通道透明。

在网页设计中，如果图像颜色少于 256 色，则建议使用 GIF 格式等；图像颜色较为丰富时，则可以使用 JPEG 格式；如果希望保留更多色彩细节，并能够保留半透明羽化效果，建议使用 PNG 格式。

二、插入图像

图像在网页中可以以多种方式存在，Dreamweaver CC 提供了多种插入图像的方法。

【示例 5】在网页中插入图像。

操作步骤如下。

（1）打开准备插入图像的文本页面。

（2）将光标定位在要插入图像的位置，然后选择【插入】→【图像】命令。

（3）打开【选择图像源文件】对话框，如图 2–15 所示，选择所需照片，单击确定即可插入页面中。

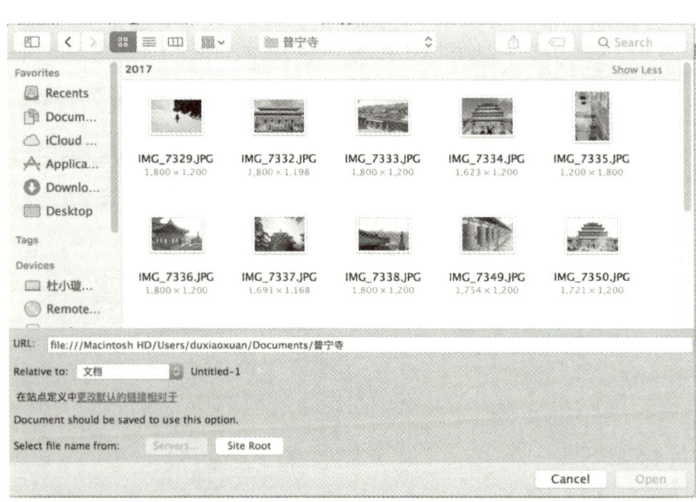

图 2–15 【选择图像源文件】对话框

三、设置图像属性

在 Dreamweaver CC 编辑窗口中插入图像之后，选中该图像，就可以在属性面板中查看和编辑图像的显示属性，如图 2–16 所示。

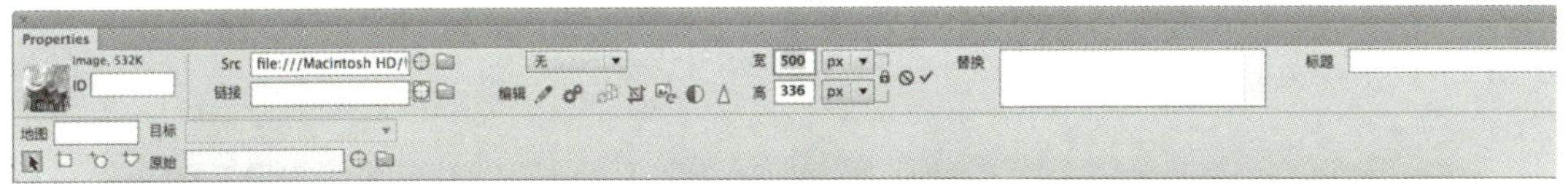

图 2–16 查看和编辑图像的显示属性

【ID】：设置图像的 ID 名称，以便在 CSS 或 JavaScript 等脚本中控制图像。在【ID】文本框的上方会显示一些文件信息，如图像文件类型，图像大小等。如果插入占位符，则会显示占位符的字符信息。

【宽】和【高】：设置选定图像的宽度和高度。默认以像素为单位，也可以设置为 pc（十二点活字）、pt（磅）、in（英寸）、mm（毫米）、cm（厘米）等。

【源文件 Src】：指定图像的源文件。在文本框直接输入文件的路径，可以直接找到所需图像。

【链接】：为图像指定的超级链接。拖住【指向文件】图表 到文件浮动面板站点内的一个文件上面，或者单击【选择文件】图标 ，在当前站点中选择一个文档，创建超链接。

【替换】：指定在图像位置上显示的可选文字。当浏览器无法显示图像时则显示这些文字，同时，鼠标移动到图像上面也会显示这些文字。

【类】：设置图像的 CSS 类样式。

【编辑】：该选项可以进行快捷编辑图像、优化图像、转化图像格式等基本操作，适合没有安装外部图像编辑的用户使用。

【地图】文本框和【热点工具】 ：用来创建客户端鼠标滑过的热点地图。

【垂直边距】和【水平边距】：可以沿图像的边缘添加边距。

【目标】：指定链接页面应该载入的目标框架和窗口。

【原始】：制定在载入主图像之前应该载入的图像。

【边框】：设置图像边框的宽度。

【对齐】：对齐同一行的图像和文本。

四、设置鼠标经过图像

【示例 6】设置鼠标经过图像。

操作步骤如下。

（1）选择【插入】→【图像对象】→【鼠标经过图像】命令，如图 2–17 所示。

（2）在弹出信息中，【原始图像】对话框对应为鼠标未经过时显示的图像。分别单击【原始图像】对话框和【鼠标经过后图像】对话框的【浏览】按钮，在各自站点内指定文件夹中选择所需图像。【替换文本】对话框是指定在图像位置上显示的可选文字。当浏览器无法显示图像时则显示这些文字，同时，鼠标移动到图像上面也会显示这些文字。在【按下时，前往的 URL】对话框中输入指定地址，则会在鼠标选中照片时前往，如图 2-18 所示。

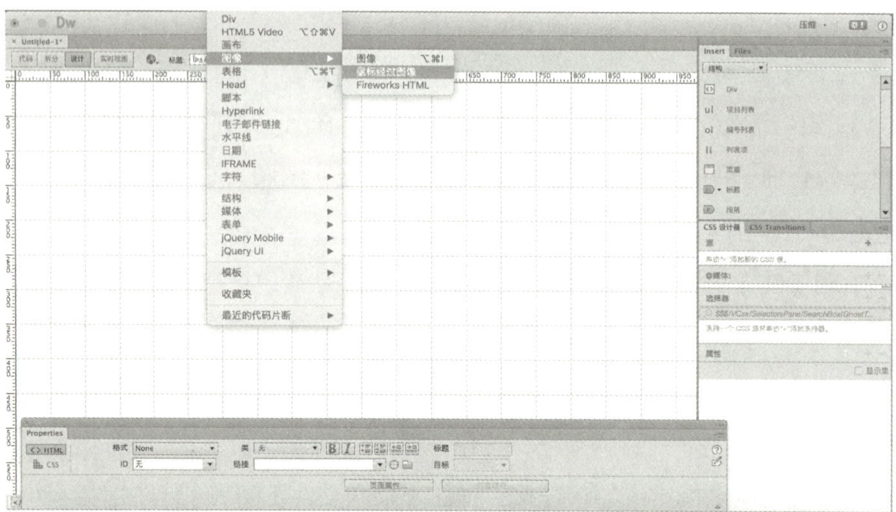

图 2-17 【鼠标经过图像】窗口

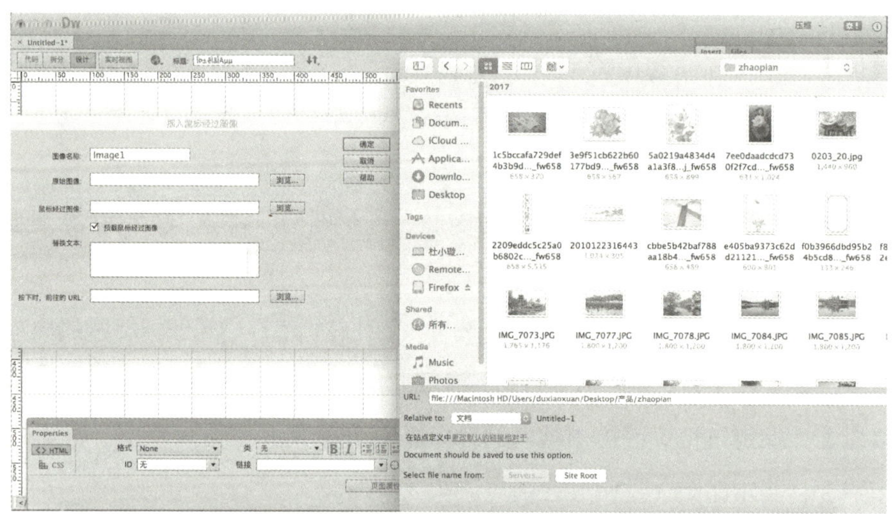

图 2-18 输入指定地址

第三节 在网页中插入多媒体元素

一、在网页中插入 SWF 动画

1.SWF 动画

SWF 动画以文件小巧、速度快，特效精美、支持多媒体和强大的交互功能成为网页流行的动画格式，被大量应用于网页中。

在网页中插入 SWF 动画的操作步骤如下。

选择【插入】→【媒体】→【SWF】命令，或者选择【插入】→【常用】→【媒体】→【SWF】命令，打开【选择 SWF】对话框。

单击【确定】按钮，关闭【选择 SWF】对话框，在弹出的【对象标签辅助功能属性】对话框对 SWF 动画进行设置。

单击【确定】按钮，即可在当前位置插入一个 SWF 动画，此时编辑窗口中出现了字母 F 的灰色区域，只有在预览状态下才可以观看到 SWF 的动画效果。

插入 SWF 动画后，选中动画就可以在属性面板中设置 SWF 的动画属性。

【FlashID】：显示 SWF 动画的名称，同时在旁边显示插入动画的大小。

【宽】和【高】：设置 SWF 动画的宽度和高度，默认单位是像素，也可以设置单位为 pc、pt、in、mm、cm 等。点击【重设大小】选项可以恢复动画的原始尺寸。

【文件】：设置 SWF 的动画文件地址。

【编辑】：可以使用 Adobe Flash 对 SWF 动画进行编辑。

【背景颜色】：指定区域内的背景颜色。

【循环】：SWF 动画循环播放。

【自动播放】：网页打开后自动播放选中的 SWF 动画。

【垂直边距】和【水平边距】：设置 SWF 动画上下方和左右方与其他页面元素的距离。

【品质】：设置 SWF 动画的品质，包括【低品质】、【自动低品质】、【自动高品质】和【高品质】4 个选项。

【比例】：设置 SWF 动画的显示比例。

【对齐】：设置 SWF 动画的对齐方式。

【参数】：打开该对话框，可以在其中输入传递给影片的附加参数，对动画进行初始化的设计，但影片必须先设置好才可以接收到附加的参数。

2. 插入 FLV 视频

FLV 是 Flash Video 的简称，是一种新的视频格式，加载速度极快，使在网络上观看视频文件成为可能。它的出现有效解决了在网络上传送视频文件的需求。

操作步骤如下。

在页面中，选择【插入】→【媒体】→【FLV】命令，或者选择【插入】工具栏中【媒体】下拉菜单中的【FLV】选项，打开【插入 FLV】对话框。

在【视频类型】选项中，包括【累进式下载视频】和【流视频】两种选项类型。【流视频】选项如图 2–19 所示。

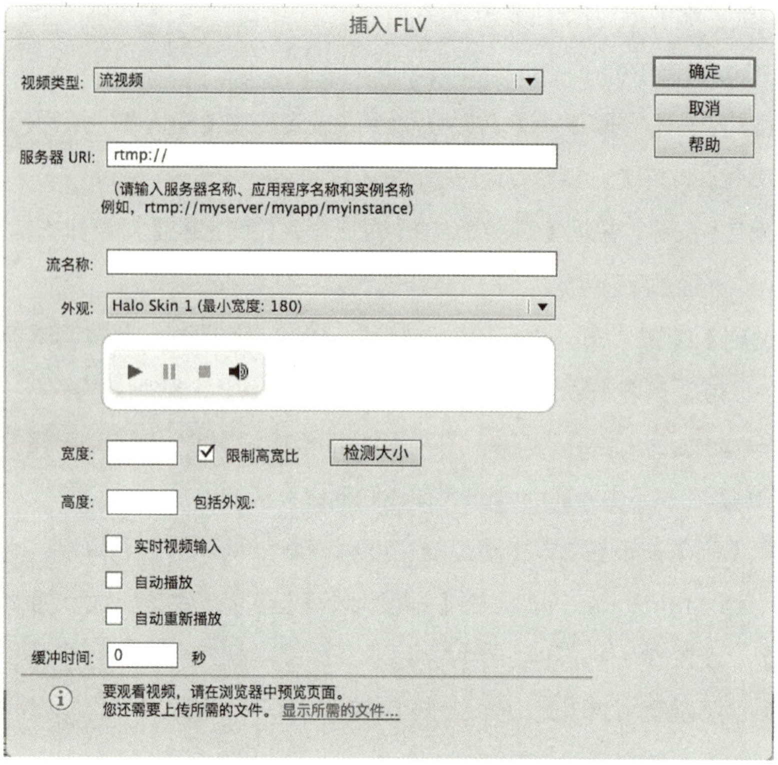

图 2-19　选择【流视频】选项

如果希望累进下载浏览视频，则应该从【视频类型】下拉菜单中选择【累进式下载视频】选项，如图 2-20 所示。

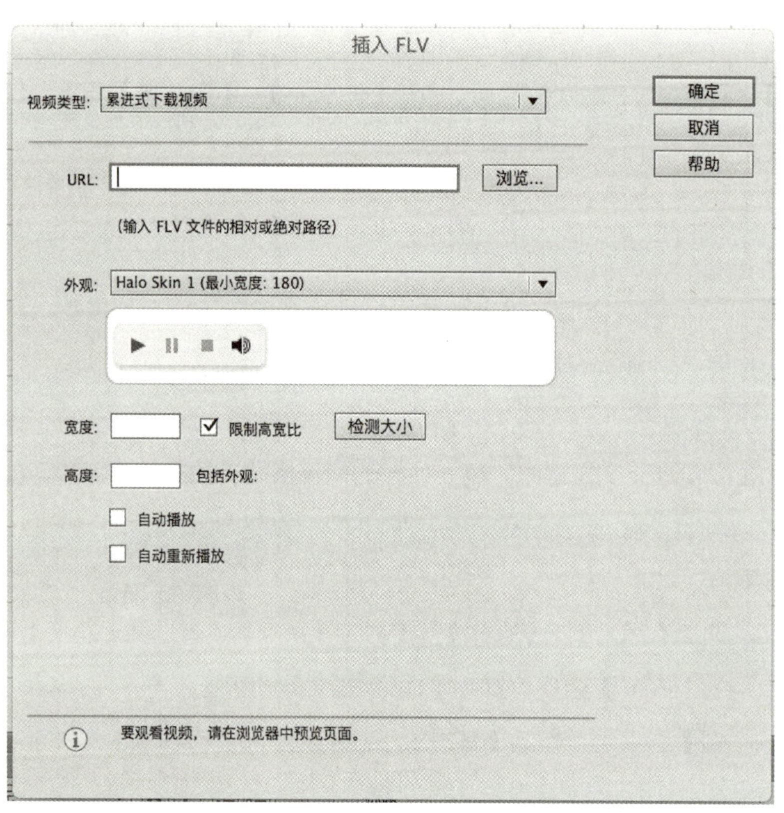

图 2-20　选择【累进式下载视频】选项

相关设置项目如下。

◆【URL】：指定 FLV 文件的绝对路径。

◆【外观】：指定 FLV 视频组件的外观。

◆【宽度】和【高度】：以像素为单位指定 FLV 文件的宽度和高度。

◆【自动播放】：指定在 Web 页面打开时是否播放视频。

◆【自动重新播放】：指定播放空间在视频播放完之后是否返回起始位置。

按以上步骤完成设置，单击【确定】按钮，则 FLV 视频内容会添加到网页中。

二、在网页中插入视频和音频

1. 插入视频

视频文件的格式有很多种，常见的有 MPEG 格式、AVI 格式、WMV 格式、RM 格式和 MOV 格式等。

（1）MPEG 格式：MPEG（Moving Picture Experts Group）是国际标准化组织（ISO）认可的媒体封装形式，受到大部分机器的支持。其储存方式多样，可以适应不同的应用环境。

（2）AVI 格式：AVI 由微软公司开发，其含义是“Audio Video Interactive”，就是把视频和音频编码混合在一起储存。AVI 格式限制比较多，只能有一个视频轨道和一个音频轨道（现在有非标准插件可加入最多两个音频轨道），还可以有一些附加轨道，如文字等。AVI 格式不提供任何控制功能。副档名为“avi”。

（3）WMV 格式：WMV（Windows Media Video）是微软公司开发的数位视频编解码格式的通称，ASF（Advanced Systems Format）是其封装格式。ASF 封装的 WMV 档具有“数位版权保护”功能。副档名为“wmv/asf、wmvhd”。

（4）RM 格式：RM（Real Media）是由 RealNetworks 开发的一种容器。它通常只能容纳 Real Video 和 Real Audio 编码的媒体文件。该格式带有一定的交互功能，允许编写脚本以控制播放。RM 格式，尤其是可变比特率的 RMVB 格式，体积很小，非常受网络下载者的欢迎。副档名为“rm/rmvb”。

（5）MOV 格式：MOV（QuickTime）格式是由苹果公司开发的容器，由于苹果电脑在专业图形领域占据强势地位，QuickTime 格式基本上成为电影制作行业的通用格式。1998 年 2 月 11 日，国际标准化组织（ISO）认可 QuickTime 档案格式作为 MPEG-4 标准的基础。QuickTime 格式可储存的内容相当丰富，除了视频、音频以外还可支持图片、文字（文本字幕）等。副档名为“mov”。

【示例 7】在网页中插入视频。

操作步骤如下。

（1）在编辑窗口中，将光标定位在要插入的视频的位置。

（2）选择【插入】→【媒体】→【插件】命令，或者选择【插入】工具栏中【媒体】下拉菜单的【插件】选项，打开【选择文件】对话框。

（3）在对话框里选择要插入的插件文件，单击【确定】按钮即可。

（4）选中插入的插件图标，在属性面板中设置视频的播放器大小，如图 2–21 所示。

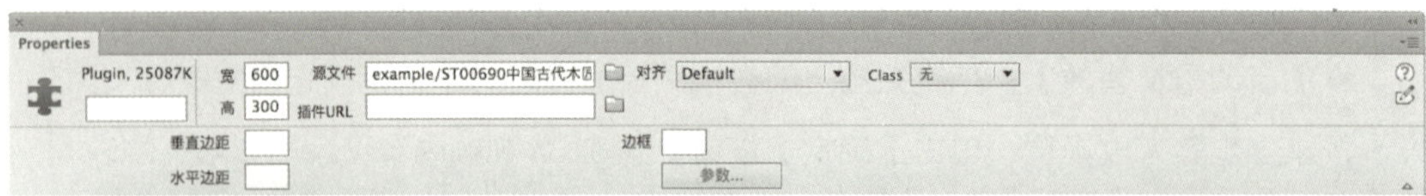

图 2–21　设置视频的播放器大小

（5）设置完成后，点击【F12】键在浏览器中预览。

2. 插入音频

声音是多媒体网页中的重要组成部分，其中音频的格式很多，常见的有 WAV 格式、MP3 格式、AIF 格式、MID 格式等。

（1）WAV 格式：WAV 文件具有较高的声音质量，能够被大多数浏览器支持，并且不需要插件，但文件较大。

（2）MP3 格式：MP3 是一种压缩格式的高频格式，文件大小比 WAV 小，是网络中流行的音乐格式。

（3）AIF 格式：AIF 具有较高的质量，和 WAV 音质相似。

（4）MID 格式：MID 是一种乐器声音格式，能够被大多数浏览器支持，并且不需要插件。

【示例 8】在网页中链接声音文件。

链接声音文件首先要选择用来指向声音文件链接的文本或者图像，然后在属性面板的【链接】文本框中输入声音文件地址，或者单击【选择文件】按钮直接选择文件，如图 2–22 所示。

图 2–22　【选择文件】在网页中链接声音文件

【示例 9】在网页中嵌入声音文件。

将声音插入到页面中，但是只有在浏览器安装了适当插件后才可以播放声音。操作步骤如下。

（1）在编辑窗口中，将光标定位在要插入的音频位置。

（2）选择【插入】→【媒体】→【插件】命令，或者选择【插入】工具栏中的【媒体】菜单中的【插件】选项，打开【选择文件】对话框。

（3）在对话框里选择要插入的插件文件，单击【确定】按钮即可。

（4）在选中插入的插件图表中会出现属性面板设置的详细内容，如图 2-23 所示。

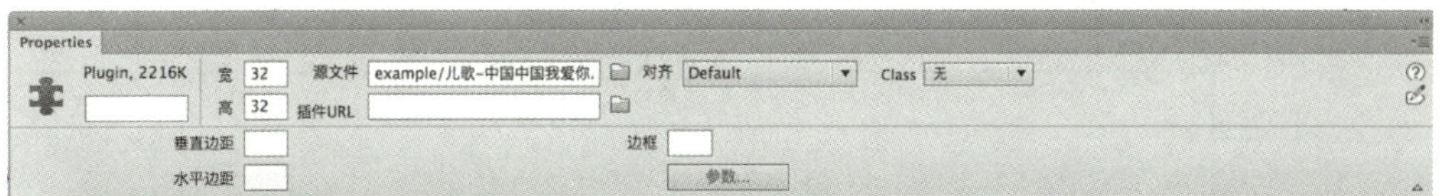

图 2-23 属性面板设置的详细内容

三、插入 HTML5 音频

Dreamweaver CC 允许在网页中插入和预览 HTML5 音频。HTML5 音频元素提供一种将音频内容嵌入网页中的标准方式。

【示例 10】在网页中插入 HTML5 音频。

操作步骤如下。

（1）在编辑窗口中，确保光标位于要插入音频的位置。

（2）选择【插入】→【媒体】→【HTML5 Video】，音频文件将会插入到指定位置，如图 2-24 所示。

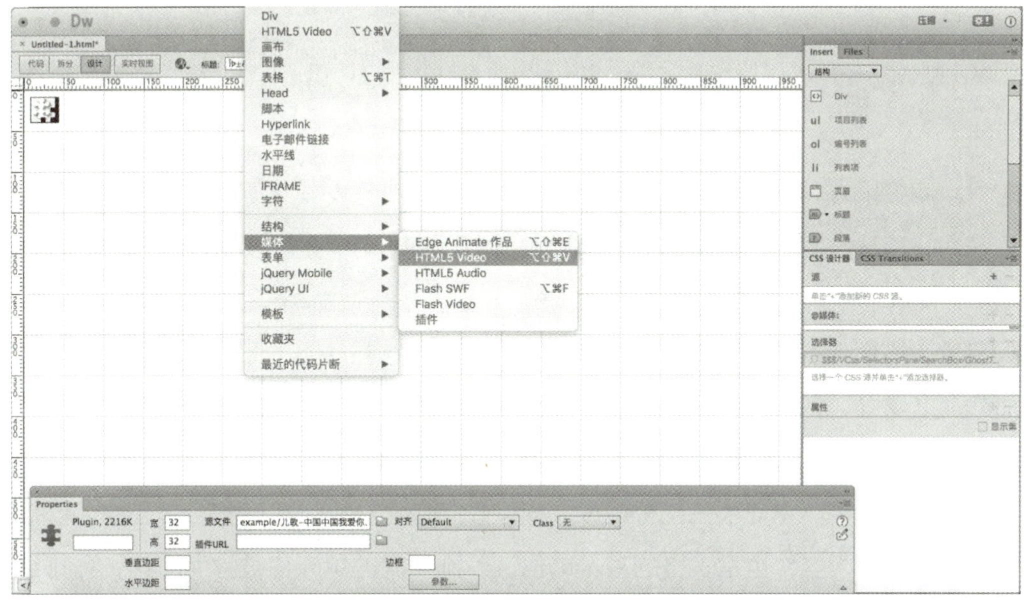

图 2-24 插入 HTML5 音频文件

第三章

在网页中使用表格布局页面

在 Dreamweaver CC 中，表格是网页布局设计的常用工具之一。表格会对页面的繁杂内容进行有序的归纳整理，帮助使用者处理页面信息。此外，使用表格不仅可以对网页进行基本的框架规划，还有助于页面适应不同平台、不同分辨率的浏览器，方便将页面完整地呈现出来。

第一节　表格的创建与应用

一、表格的定义与用途

作为一种基本框架，表格可以容纳数据、文字、图片等，还可以与 AP 元素相互转换，功能十分实用。

尽管表格框架下的网页兼具美观性与实用性，仍存在缺陷，即表格的存在会导致网页加载速度变慢。相比逐行显示的文字及图片，表格框架下所有内容加载完毕后整个表格才会全部显示出来。因此，在网页设计时应注意表格的合理应用。

表格由行、列、单元格三部分组成。横纵线条框出一个个单元格，单元格内可以插入文字、图片等内容，也是表格的基本单位。一排横向的单元格被称为一行，一排纵向的单元格被称为一列。此外，设计者还可以更改颜色、线条等视觉元素，将表格调整为不同的风格。

二、创建基本表格

【示例 1】在网页中创建 3 行 3 列表格。

操作步骤如下。

（1）在【插入】下拉栏中点击【表格】选项。

（2）在弹出的【表格】对话框中调整表格属性，如图 3–1 所示。

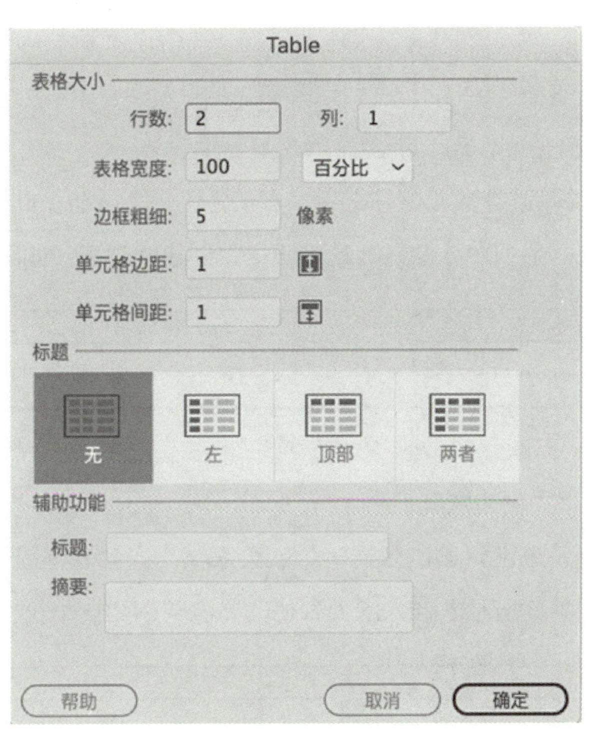

图 3-1 【表格】对话框

【行数】、【列】：决定了表格内单元格的数量。本示例表格中，在【行数】文本框内输入“3”，在【列】文本框内输入“3”。

【表格宽度】：即表格整体的宽度，在 Dreamweaver CC 中，表格宽度的单位有两种可供选择，分别是像素和百分比。值得注意的是，在【表格宽度】文本框中，如果选择以【像素】选项为单位，表格会以输入的数值固定呈现，不会因浏览器的变更而产生变化；如果选择的单位是【百分比】选项，表格会跟随浏览器的视窗宽度而发生改变，将表格的大小调整成相应的百分比。本示例表格中，在【表格宽度】文本框内输入“400”，选择【像素】选项。

【边框粗细】：是表格边框线条的厚度。通常情况下，如果用表格进行页面布局，应该将该值设置为 0，这样表格边框不会在浏览器中显示出来。本示例表格中，在【边框粗细】文本框内输入“2”。

【单元格边距】：即单元格边框与单元格内容之间的距离。在使用表格工具进行布局时，建议将此项设置为 0，以保证表格内插入的内容都是无缝嵌套。本示例表格中，【单元格边距】文本框内应输入“0”。

【单元格间距】：即单元格与边框以及其他单元格之间的距离。在使用表格工具对页面进行布局时，通常会把该项数值设置为 0，防止网页内单元格之间有距离。本示例表格中，【单元格间距】文本框中应设置为 0。

【标题】：提供四种表格样式以供选择。本示例表格中，选择【无】样式。

【标题】：即表格名称。在文本框内输入文字，会以题目的形式最终显示在表格的外侧。

【摘要】：是对表格的说明。在源代码中呈现输入到文本框中的内容会在源代码中呈现，对用户并不起到说明作用，不会显示在页面中。

（3）表格的相关基础参数调整好之后，点击【确定】按钮。此时，一个 3 行 3 列、宽度为 400 像素、边框粗细为 2 像素的基础表格就创建成功了，如图 3–2 所示。

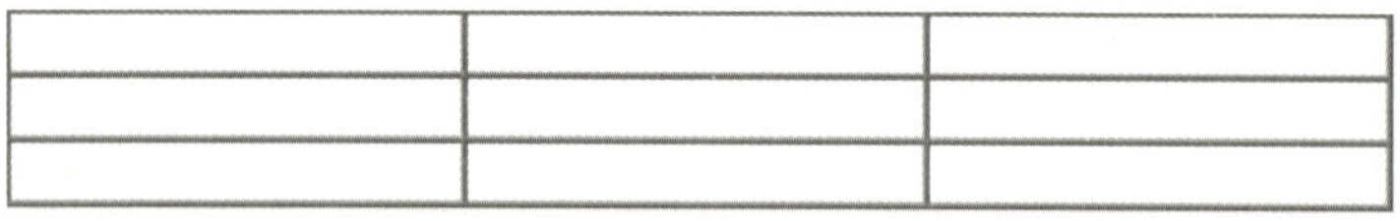

图 3–2　基础表格

【示例 2】在网页中创建嵌套表格。

在示例 1 的表格基础上，尝试创建一个嵌套表格。嵌套表格就是在已经存在的表格中插入的表格，如图 3–3 所示。插入嵌套表格的方法与创建一个表格的方法类似。

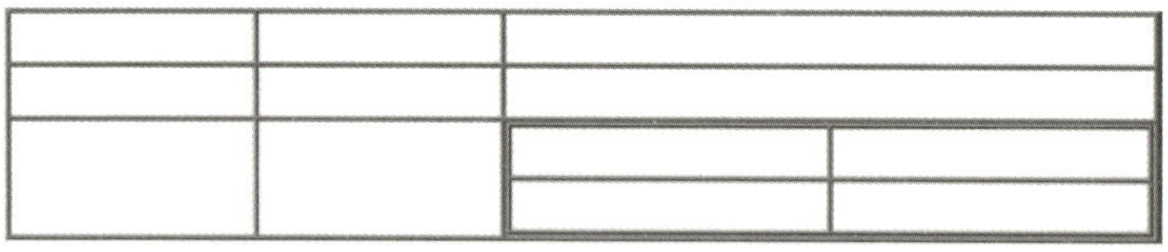

图 3–3　嵌套表格

操作步骤如下。

（1）在【实时视图】界面下，选择一个单元格，在【插入】下拉栏中点击【表格】选项。

（2）在弹出的对话框中选择【嵌套】选项，如图 3–4 所示。

图 3–4　【嵌套】选项

（3）调整数据，创建一个 2 行 2 列、表格宽度 100%、边框粗细为 1 像素的嵌套表格，如图 3–5 所示。

按以上步骤便完成了表格与嵌套表格的创建。

三、在表格中输入文本

建立表格后，需要在表格中输入各种元素，包括网页设计中重要的元素之一——文本。输入文本有多种方法，主要介绍以下几种常用方式。

（1）在表格中选择某一单元格，双击后输入文本内容。

（2）在表格中选择某一单元格，执行【插入】→【段落】→【嵌套】命令后输入文本内容，如图 3–6 所示。

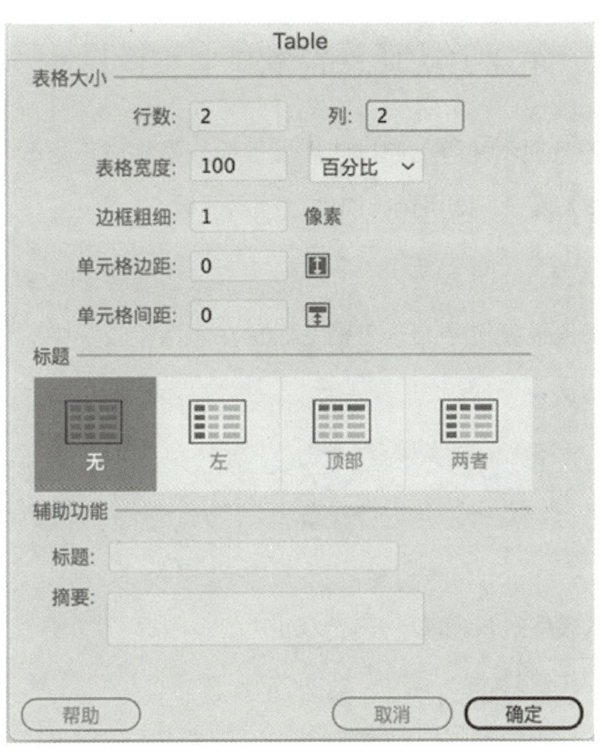

图 3-5　嵌套表格数据

12	233	3456
432	5	

图 3-6　实时视图中的文本内容

点击【代码】选项，将界面调整到代码界面，对代码进行修改与键入，如图 3-7 所示。

```
  <tbody>
    <tr>
      <td>12</td>
      <td>233</td>
      <td>3456</td>
    </tr>
    <tr>
      <td>432</td>
      <td>5</td>
      <td> </td>
    </tr>
  </tbody>
</table>
```

图 3-7　代码界面中的文本内容

四、在单元格中插入图像

在单元格中插入图像有以下几种常用方法。

（1）在表格中选择某一单元格，执行【插入】→【图像】→【嵌套】命令后选择图像。

（2）点击【代码】选项，将界面调整到代码界面，对代码进行修改与键入。

（3）在表格中选择某一单元格，从资源管理器、站点资源管理器或桌面上直接将图像文件拖到此单元格中。

第二节　设置表格和单元格属性

表格及单元格的各项属性可以通过使用属性检查器来进行更改与调整。在【窗口】下拉栏中点击【属性】选项，即可调出属性选择器面板。

一、设置表格属性

设置表格属性首先需要选中某一表格，然后在属性检查器中对该表格的各项属性进行调整，如图 3–8 所示。

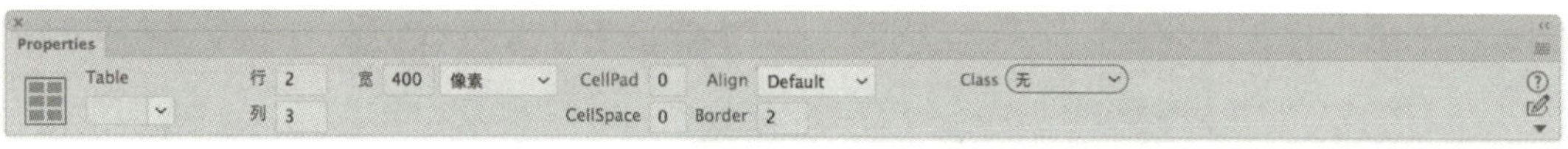

图 3–8　表格的属性检查器面板

属性检查器中的表格的各项属性及释义如下。

【表格 ID】：表格的属性。

【行】和【列】：表格中行和列的数量。

【宽】：表格的宽度，以像素为单位或表示为占浏览器窗口宽度的百分比。

【单元格边距】：单元格内容与单元格边框之间的像素值。

【单元格间距】：相邻的表格单元格之间的像素值。

【对齐】：确定表格相对于同一段落中的其他元素（例如文本或图像）的显示位置。【左对齐】选项是指沿其他元素的左侧对齐表格（因此同一段落中的文本在表格的右侧换行）；【右对齐】选项是指沿其他元素的右侧对齐表格（文本在表格的左侧换行）；【居中对齐】选项是指将表格居中（文本显示在表格的上方和 / 或下方）；【缺省】选项是指示浏览器应该使用其默认对齐方式。

【边框】：表格边框的宽度（以像素为单位）。需要注意的是，大多数浏览器按边框和单元格边距均设置为 1、单元格间距设置为 2 显示表格。若要确保浏览器不显示表格中的边距和间距，需要将【边框】、【单元格边距】和【单元格间距】文本框都设置为 0。【边框】文本框设置为 0 时，通过【查看】→【可视化助理】→【表格边框】命令可以查看单元格和表格边框的相关属性。

【类】：对该表格设置一个 CSS 类。

还有一些表格属性需要单击属性检查器右下角的展开箭头才能看到，如图 3–9 所示。

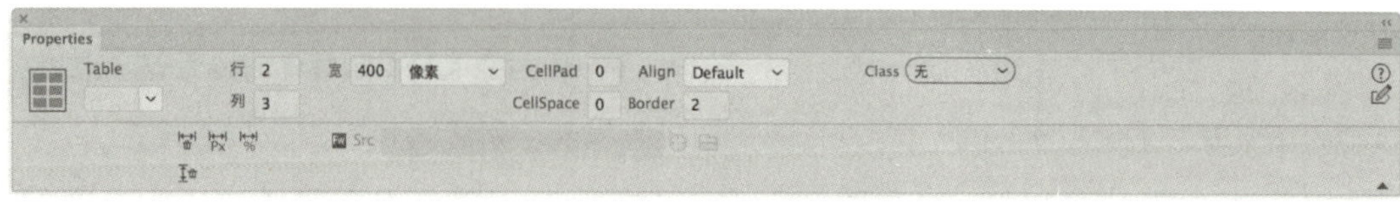

图 3–9　展开后的表格属性

【清除列宽】：从表格中删除所有明确指定的列宽。

【清除行高】：从表格中删除所有明确指定的行高。

【将表格宽度转换成像素】：将表格的当前宽度单位转换为像素，同时，表格实际的宽度不变。

【将表格高度转换成像素】：将表格的当前高度单位转换为像素，同时，表格实际的高度不变。

【将表格宽度转换成百分比】：将表格的当前宽度单位转换为百分比，同时，表格实际的宽度不变。

【将表格高度转换成百分比】：将表格的当前高度单位转换为百分比，同时，表格实际的高度不变。

二、设置单元格属性

设置单元格属性首先需要选中需要设置的单元格，接着在属性检查器面板对单元格各项属性进行修改，如图 3–10 所示。

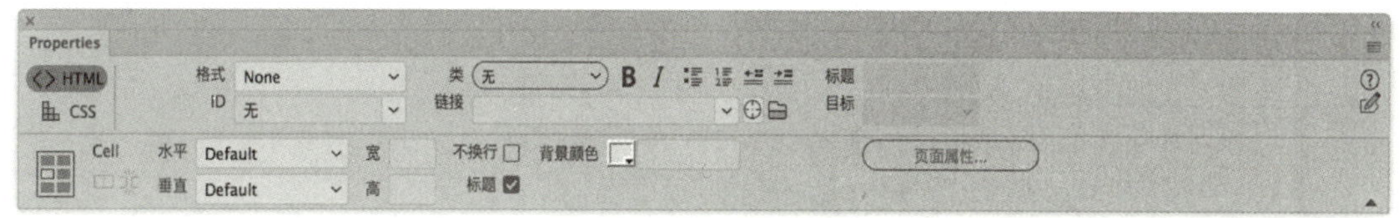

图 3–10　单元格属性检查器面板

单元格属性检查器的各选项释义如下。

【水平】：指定单元格、行或列内容的水平对齐方式。可以将内容对齐到单元格的左侧、右侧或使之居中对齐，也可以指示浏览器使用其默认的对齐方式（常规单元格为左对齐，标题单元格为居中对齐）。

【垂直】：指定单元格、行或列内容的垂直对齐方式。可以将内容对齐到单元格的顶端、中间、底部或基线，或者指示浏览器使用其默认的对齐方式（通常是中间对齐）。

【宽】和【高】：所选单元格的宽度和高度以像素为单位或按整个表格宽度或高度的百分比指定。注意，如果需要浏览器根据单元格的内容以及其他行、列的高度与宽度自行调整适当的宽度或高度，应该将此项留白。

【背景颜色】：确定单元格、列或行的背景颜色，需要使用拾色器进行选择。

【合并单元格】：将所选的单元格、行或列合并为一个单元格。

【拆分单元格】：将一个单元格分成两个或更多个单元格。一次只能拆分一个单元格，如果选择的单元格多于一个，则此按钮无法使用。

【不换行】：禁止单元格内文本自动换行。如果启用了【不换行】选项，当输入的数据超出单元格的宽度时，会自动增加单元格的宽度。

【标题】：将所选的单元格格式设置为表格标题单元格。默认情况下，表格标题单元格的内容为粗体并且居中。

第三节　表格的常用操作

一、选择单元格和表格

在 Dreamweaver CC 中，可以选择整个表格、行、列，甚至一个或多个单独的单元格。需要特别注意的是，这些选择通常是在【设计】视图中完成的，如图 3–11 所示。因此在选择表格或单元格之前，需要首先将视图调整到【Design】状态。

图 3–11　【设计】视图

1. 选择表格

通常情况下，选择表格有如下几种方法。

（1）单击表格左上角选中。

（2）单击某个表格单元格，然后在【文档】窗口左下角的标签选择器中选择标签。

（3）单击某个表格单元格，单击表格标题菜单，然后选择【选择表格】选项。

（4）单击某个表格单元格，然后选择【编辑】→【表格】→【选择表格】命令。

2. 选择单个单元格

通常情况下，选择单个单元格有如下几种方法。

（1）单击单元格，然后在【文档】窗口左下角的标签选择器中选择 <td> 标签。

（2）Windows 系统按住【Ctrl】键并单击该单元格。

（3）Mac 系统按住【Command】键并单击该单元格。

3. 选择相邻的单元格

选择相邻的、呈矩形的单元格有如下几种方法。

（1）从一个单元格直接拖选到另一单元格，两个单元格在选定的矩形区域中呈对角。

（2）单击一个单元格，然后按住【Ctrl】键或【Command】键并单击以选中该单元格，再按住【Shift】键单击另一个单元格。

4. 选择不相邻的单元格

按住【Ctrl】键或【Command】键并逐个单击要选择的单元格。

如果想从已选中的单元格中取消某一单元格，按住【Ctrl】键或【Command】键，再次单击需要取消的单元格即可。

二、调整单元格和表格的尺寸

【示例 3】调整表格的尺寸。

（1）切换到【拆分】视图或者【代码】视图，在 HTML 代码中更改表格的尺寸数值，如图 3–12 所示。

```
<table width="400" border="2" cellspacing="0" cellpadding="0">
```

图 3–12 表格尺寸的代码段

（2）在【实时】视图中选择表格，单击表格旁悬浮的“三明治”形状的表格格式设置图标，如图 3–13 所示，进入表格格式设置模式。

接着，拖动表格边框上三个控制按钮，调整表格的整体尺寸。完成调整后点击【Esc】键或单击表格外边的区域，退出表格格式设置模式，如图 3–14 所示。

图 3–13 表格格式设置图标

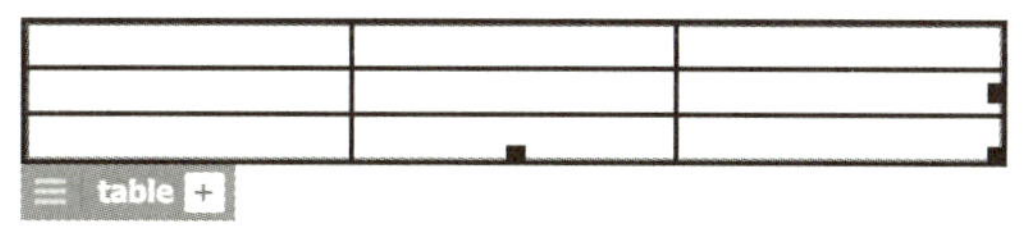

图 3–14 表格格式设置模式

（3）通过表格的属性检查器面板更改表格尺寸。

【示例 4】调整单元格的尺寸。

调整单元格尺寸有以下几种方法。

（1）在【Design】视图中，直接拖动需要更改的列的右边框，表格的总宽度不改变。

（2）在【Design】视图中，按住【Shift】键，拖动需要更改的列的右边框，表格的总宽度会随着该单元格的调整发生改变。

（3）在【Design】视图中选择【视图】→【设计视图选项】→【可视化助理】→【表格宽度】。

三、增加、删除表格的行和列

【示例 5】添加表格的行或列。

单击某个单元格后，完成操作有以下几种方法。

（1）选择【编辑】→【表格】→【插入行】或【编辑】→【表格】→【插入列】命令，在该单元格的上方（左侧）出现一行（列）单元格。

（2）选择【编辑】→【表格】→【插入行或列】命令，在该单元格的上方（左侧）出现一行（列）单元格。在弹出的对话框内进行选择与修改，最后单击【确定】按钮，如图 3–15 所示。其具体的选项释义如下。

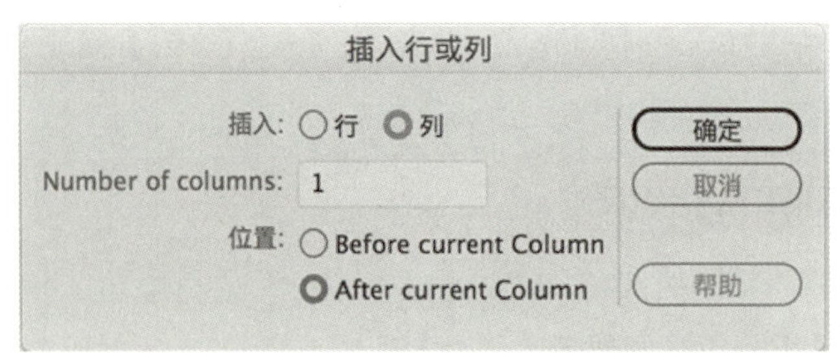

图 3-15 【插入行或列】面板

【插入】：选择插入行或者插入列。

【Number of columns】：输入需要插入的行数或列数。

【位置】：新插入行或列的位置是在所选单元格的前面还是后面。

（3）选择某一单元格或某一列，单击鼠标右键，选择【表格】→【插入行】/【插入列】/【插入行或列】命令。

【示例 6】删除表格的行或列。

删除多余的行或者列是 Dreamweaver CC 中的常规操作，有以下几种方法可供选择。

（1）单击要删除的行或列中的一个单元格，然后选择【编辑】→【表格】→【删除行】或【编辑】→【表格】→【删除列】命令。

（2）选择完整的一行或一列，然后点击【Delete】键。

（3）在属性检查器（【窗口】→【属性】）中对行、列的值进行更改。

四、合并、拆分单元格

有时，表格的布局并非是规整的网格状，需要对单元格进行合并、拆分。

1. 合并单元格

在一个表格中，只有连续的、整体呈矩形的单元格才可以被合并。 合并单元格有如下两种方法。

（1）选择需要合并的单元格，点击【编辑】→【表格】→【合并单元格】。

（2）选择需要合并的单元格，打开属性检查器，单击【合并单元格】选项。

2. 拆分单元格

单元格的拆分通常需要通过【拆分单元格】对话框实现。具体操作有如下两种方法。

（1）选中需要拆分的单元格，点击【编辑】→【表格】→【拆分单元格】。

（2）选中需要拆分的单元格，在展开的 HTML 属性检查器（【窗口】→【属性】）中，单击【拆分单元格】选项，如图 3-16 所示。

对话框内的各项具体释义如下。

【Split cell into】：选择将单元格拆分成行或列。

【Number of rows】：单元格拆分后的数量。

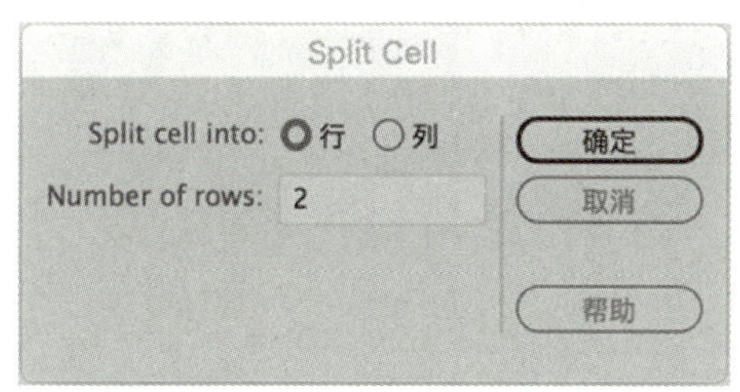

图 3-16 【拆分单元格】对话框

需要注意的是，拆分单元格功能是针对单个单元格的。因此，如果选择了多个单元格，将无法进行单元格拆分的工作。

3. 单元格跨行、列的数量的调整

增加单元格所跨的行或者列的数量，可以点击【编辑】→【表格】→【增加行宽】或【编辑】→【表格】→【增加列宽】。

减少单元格所跨的行或者列的数量，可以点击【编辑】→【表格】→【减小行宽】或【编辑】→【表格】→【减小列宽】。

五、复制、剪切和粘贴表格

在 Dreamweaver CC 中可以复制、剪切或粘贴单个或多个单元格，并保留单元格的格式设置。

1. 剪切或复制表格的单元格

选择连续的、呈矩形的一个或多个单元格，通过【编辑】→【剪切】或【编辑】→【拷贝】命令完成单元格的剪切与复制。

2. 粘贴表格的单元格

在完成剪切或复制的工作后，可以在表格中使用粘贴功能。操作分以下几种情况。

（1）单元格内容的替换或粘贴：选择一组与剪贴板上的单元格具有相同布局的现有单元格，点击【编辑】→【粘贴】。

（2）整行或整列单元格内容的粘贴或插入：选中一个单元格，点击【编辑】→【粘贴】，该单元格上方（左侧）会插入一整行（列）的单元格。

（3）用粘贴的单元格创建一个新表格：用鼠标右键点击表格外的区域，在弹出的列表中点击【编辑】→【粘贴】。

六、处理表格数据

对表格数据的处理包括三部分：导入表格式数据，对表格进行排序，导出表格。

【示例 7】导入表格式数据。

导入表格式数据的具体步骤如下。

（1）点击【文件】→【导入】→【导入表格式数据】，如图 3–17 所示。

（2）修改导入表格式数据面板上的各项值，完成后单击【确定】按钮。

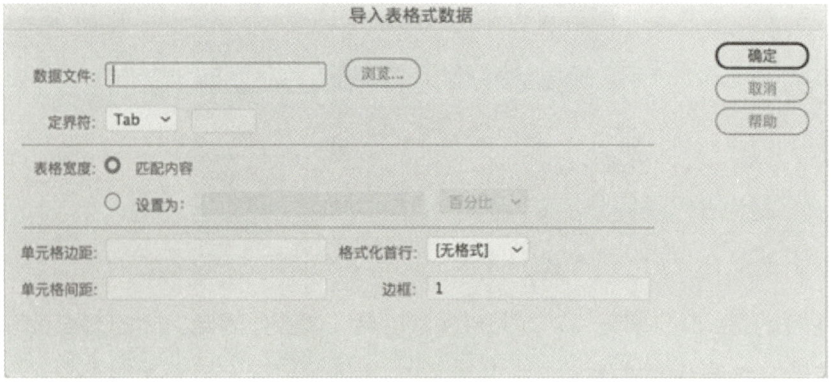

图 3-17　导入表格式数据

【导入表格式数据】面板上的各选项及释义如下。

【数据文件】：文本框内需要输入要导入的文件的名称，或者单击【浏览】按钮在目录中选择要导入的文件。

【分隔符】：需要输入或在下拉栏中选择要导入的文件中所使用的分隔符。如果在下拉栏中选择【其他】选项，则弹出菜单的右侧会出现一个文本框，用于输入该文件中使用的分隔符。注意，需要将分隔符指定为先前保存数据文件时所使用的分隔符，否则无法正确地导入文件，也无法再对数据进行正确的格式设置。

【表格宽度】：表格宽度有两个选项：选择【匹配内容】会使每一列的列宽都能恰好容纳该列中最长的文本字符串；选择【设置】则会以像素为单位固定表格宽度，或按占浏览器窗口宽度的百分比对表格宽度进行固定。

【单元格边距】：单元格内容与单元格边框之间的像素值。

【单元格间距】：相邻的表格单元格之间的像素值。

【边框】：指定表格边框的宽度（以像素为单位）。

【格式化首行】：即表格首行的格式设置。在下拉栏中有四种格式设置选项可供选择：【无格式】，【粗体】，【斜体】，【加粗斜体】。

【示例 8】对表格进行排序。

在表格的数据整理中，使用者可以根据单列的内容对表格中的行进行排序，也可以根据两列的内容执行更加复杂的表格排序。需要注意的是，该功能无法使用在包含 colspan 或 rowspan 属性的表格（即包含合并单元格的表格）中。

对表格进行排序的具体步骤如下。

（1）选择需要排序的表格或单击表格内任意单元格。

（2）点击【编辑】→【表格】→【排序表格】，如图 3-18 所示，在弹出的对话框中设置选项，完成后单击【确定】按钮。

【排序表格】对话框内各选项即释义如下。

【排序】：即使用哪一列的值对表格的行进行排序。

【顺序】：即表格的排序方式，需要在字母或数字、升序或降序中进行选择。注意，当列的内容是数字时，应选择【按数字顺序】选项，排序结果为 1、2、3、10、20、30；如果选择【按字母顺序】选项，排序结果为 1、10、2、20、3、30。

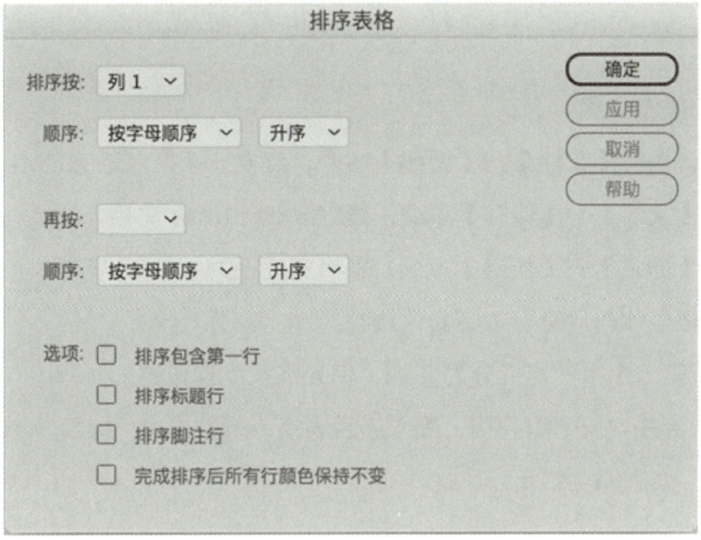

图 3-18　【排序表格】对话框

【再按】：即另一列上应用的第二种排序方法的排序顺序。在【再按】选项后的下拉栏中选择需要按照第二种排序方法进行排序的列，并在【顺序】选项下拉栏中指定第二种排序方法的排序顺序。

【排序包含第一行】：勾选此项会将表格的第一行纳入到排序中。如果第一行是标题，则不选择此选项。

【排序标题行】：勾选此项，表格会使用与主体行相同的条件对表格的 thead 部分中的所有行进行排序。

【排序脚注行】：勾选此项，表格会按照与主体行相同的条件对表格的 tfoot 部分中的所有行进行排序。

【完成排序后所有行颜色保持不变】：勾选此项，排序之后表格行属性会与相同内容保持关联。

【示例 9】导出表格。

导出表格的第一步是将光标定位在任意单元格中，接着点击【文件】→【导出】→【表格】，完成设置后单击【导出】按钮，如图 3-19 所示，输入文件名称，然后单击【保存】按钮。

图 3-19　【导出表格】对话框

【导出表格】对话框内各选项释义如下。

【定界符】：可以设置要导出的文件中定界符的符号类别。

【换行符】：可以设置导出的文件是在 Windows、Macintosh 还是 UNIX 操作系统中打开。

第四节　表格布局实例

表格布局的操作步骤如下。

（1）首先，执行【文件】→【新建】命令，建立一个空白的 HTML 文档。

（2）执行【文件】→【保存】命令，建立 index.html 文档。

（3）执行【插入】→【表格】命令，表格宽度设为 100%，行数为 3，列数为 2。

（4）对表格整体布局进行如下具体调整。

①将第一行第二个单元格拆分为 4 列，单元格宽度均设置为 10%。

②将第二行合并为一个单元格，插入嵌套表格，行数为 2，列数为 1，单元格边距与单元格间距为 5，如图 3–20 所示。

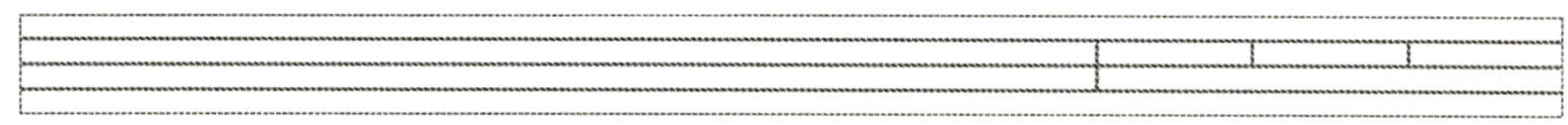

图 3–20　表格布局

③将第三行合并为一个单元格。

（5）在单元格内插入相应内容。

①在第一行内输入“首页”“客服”“关于”“联系我们”。

②在第二行的第一行内插入网页标志的图片。

③在第二行的第二行内执行【表单】→【搜索】命令，更改名称为搜索，搜索框尺寸为 100，如图 3–21 所示。

④在第三行内键入网页的底部信息文本，右侧对齐。

图 3–21　单元格布局

（6）对表格进行调整，保存后在网页中查看，如图 3–22 所示。

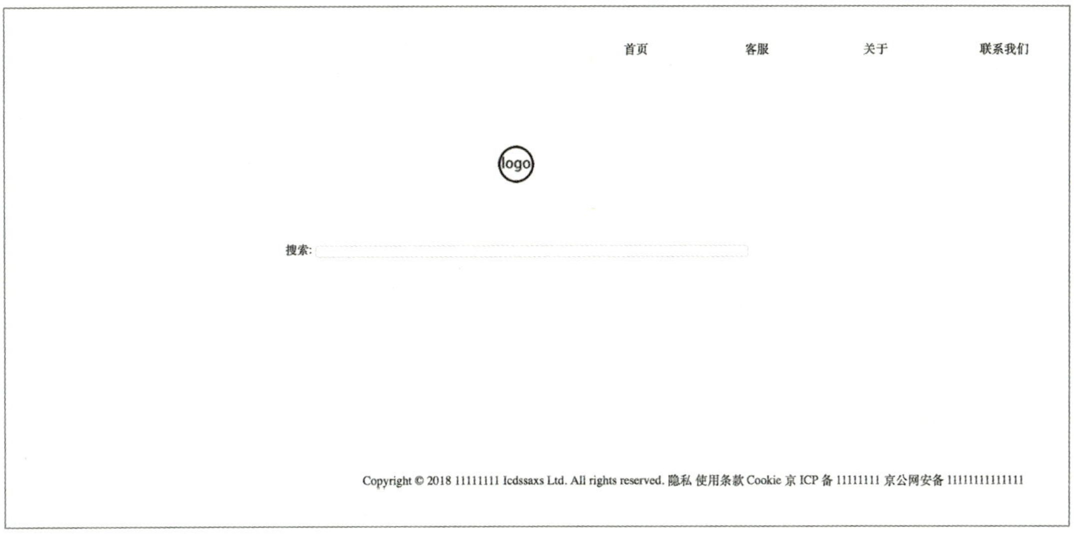

图 3-22　效果图

第四章
在网页中使用超级链接

第一节　认识超级链接

一般来说，超级链接就是指按内容链接，其本质是一种允许网页同其他网页或站点之间进行连接的元素。各个网页链接在一起后，才能够真正构成一个网站。所谓的超链接，主要是指从一个网页指向一个目标的连接关系，这个目标可以是另一个网页，也可以是相同网页上的不同位置，还可以是一个图片，一个电子邮件地址，一个文件，甚至是一个应用程序。当浏览者单击已经链接的文字或图片后，链接目标将显示在浏览器上，并且根据目标的类型来打开或运行。

第二节　链接路径

每个网页面都有一个唯一地址，称作统一资源定位器（URL）。在创建本地链接（即从一个文档到同一站点上另一个文档的链接）时，一般不指定作为链接目标的文档的完整 URL，而是指定一个始于当前文档或站点根文件夹的相对路径。链接路径有三种类型。

（1）绝对路径（例如 http://www.adobe.com/cn/support/dreamweaver/contents.html）。

（2）文档相对路径（例如 dreamweaver/contents.html）。

（3）站点根目录相对路径（例如 /support/dreamweaver/contents.html）。

使用 Dreamweaver 可以方便地选择要为链接创建的文档路径的类型。

一、绝对路径

绝对路径提供所链接文档的完整 URL，包括所使用的协议。在网页面中，通常为

http://。对于图像资产，完整的 URL 可能会类似于：http://www.adobe.com/cn/support/dreamweaver/images/image1.jpg。

在网页设计中，必须使用绝对路径，才能够链接到其他服务器上的文档或资产。尽管对本地链接（即到同一站点内文档的链接）也可以使用绝对路径链接，但在通常情况下，不建议采用这种方式，因为一旦将此站点移动到其他域，则所有本地绝对路径链接都将断开。通过对本地链接使用相对路径，还能够在站点内移动文件时提高灵活性。

二、文档相对路径

对于大多数 Web 站点的本地链接来说，文档相对路径是最合适的路径。文档相对路径还可以用于链接到其他文件夹中的文档或资产，其方法是利用文件夹层次结构，指定从当前文档到所链接文档的路径。文档相对路径的基本思想是省略掉对于当前文档和所链接的文档或资产都相同的绝对路径部分，而只提供不同的路径部分。如果成组地移动文件，例如移动整个文件夹时，该文件夹内所有文件保持彼此间的相对路径不变，此时不需要更新这些文件间的文档相对链接。但是，在移动包含文档相对链接的单个文件，或移动由文档相对链接确定目标的单个文件时，则必须更新这些文件间的文档相对链接。如果使用【文件】面板移动或重命名文件，Dreamweaver 将自动更新所有相关链接。

三、站点根目录相对路径

站点根目录相对路径是描述从站点的根文件夹到文档的路径。如果在处理使用多个服务器的大型 Web 站点，或者在使用承载多个站点的服务器时，则可能需要使用这些路径。站点根目录相对路径以一个正斜线开始，该正斜线表示站点根文件夹。例如 /support/tips.html 是文件（tips.html）的站点根目录相对路径，该文件位于站点根文件夹的 support 子文件夹中。如果经常在 Web 站点的不同文件夹之间移动 HTML 文件，则站点根目录相对路径是指定链接的最佳方法。移动包含站点根目录相对链接的文档时，不需要更改这些链接，因为链接是相对于站点根目录的，而不是文档本身。例如，如果某 HTML 文件对相关文件（如图像）使用站点根目录相对链接，则移动 HTML 文件后，其相关文件链接依然有效。需要注意的是，如果移动或重命名由站点根目录相对链接所指向的文档，即使文档之间的相对路径没有改变，也必须更新这些链接。例如，如果移动某个文件夹，则必须更新指向该文件夹中文件的所有站点根目录相对链接。如果使用【文件】面板移动或重命名文件，Dreamweaver 将自动更新所有相关链接。

第三节　创建、管理网页链接

创建链接前，要清楚绝对路径、文档相对路径以及站点根目录相对路径的工作方式。在一个文档中，一般可以创建以下几种类型的链接。

（1）到其他文档或文件（如图形、影片、PDF 或声音文件）的链接。

（2）命名锚点链接，此类链接跳转至文档内的特定位置。

（3）电子邮件链接，此类链接须新建一封空白电子邮件，其中填有收件人的地址。

（4）空链接和脚本链接，此类链接用于向对象附加行为或创建执行 JavaScript 代码的链接。

Dreamweaver CC 除使用文档相对路径创建站点中其他页面的链接外，还可以通过使用站点根目录相对路径创建新链接。

一、创建图像、对象或文本的超链接

在 Dreamweaver CC 中，一般可以在图像、对象或文本内容上添加超链接。通常是使用属性检查器和【指向文件】图标完成操作的。

【示例 1】使用属性检查器链接到文档。

使用属性检查器的文件夹图标或【链接】文本框可以创建从图像、对象或文本到其他文档或文件的链接。

（1）在【文档】窗口的【设计】视图中选择文本或图像。

（2）打开属性检查器（【窗口】→【属性】），然后在以下两种方法中选择一种。

①单击【链接】文本框右侧的文件夹图标，如图 4-1 所示，浏览并选择一个文件后点击【打开】按钮，指向所链接的文档的路径会显示在 URL 文本框中，如图 4-2 所示。若点击【选项】→【相对于】弹出菜单，则可使路径成为文档相对路径或根目录相对路径，然后单击【确定】按钮。注意，选择的路径类型只适用于当前链接。

图 4-1 文件夹图标

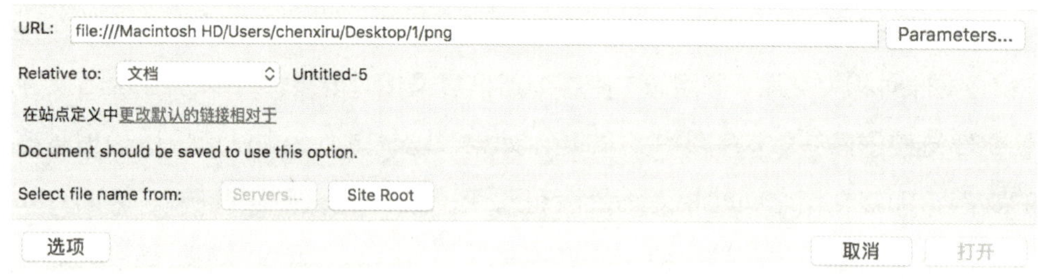

图 4-2 【选择文件】对话框

②在【链接】文本框中输入文档的路径和文件名。若要链接到站点内的文档，需要输入文档相对路径或站点根目录相对路径。若要链接到站点外的文档，需要输入包含协议（如 http://）的绝对路径。此种方法可用于输入尚未创建的文件的链接。

（3）从【目标】下拉列表中，选择文档的打开位置。

【_blank】：将链接的文档载入一个新的、未命名的浏览器窗口。

【_parent】：将链接的文档加载到该链接所在框架的父框架或父窗口。如果包含链接的框架不是嵌套框架，则所链接的文档加载到整个浏览器窗口。

【_self 】：将链接的文档载入链接所在的同一框架或窗口。此目标是默认的，所以通常不需要指定它。

【_top】：将链接的文档载入整个浏览器窗口，从而删除所有框架。

【_new】：将链接文档载入一个新的窗口。

【示例 2】使用【指向文件】图标链接文档。

使用【指向文件】图标链接文档同样可以创建从图像、对象或文本到其他文档或文件的链接。操作步骤如下。

（1）在【文档】窗口的【设计】视图中选择文本或图像。

（2）创建链接有下列两种方法。

①拖动属性检查器中【链接】文本框右侧的【指向文件】图标（目标图标），指向当前文档中的可见锚点、另一个打开文档中的可见锚点、分配有唯一 ID 的元素或【文件】面板中的文档，如图 4–3 所示。

图 4–3 指向文件

②按住【Shift】键拖动所选内容，使其指向当前文档中的可见锚点、另一打开的文档中的可见锚点、分配了唯一 ID 的元素或【文件】面板中的文档。

二、链接到命名锚点

在文档的特定位置创建命名锚点后，命名锚点会在文档中设置标记，这些标记通常处于文档的特定主题处或顶部。通过使用属性检查器进行链接，命定锚点可以将访问者快速带到指定位置。

快速链接到命名锚点的过程分为两步：创建命名锚点，创建到命名锚点的链接。

1. 创建锚点

（1）在【文档】窗口中，选择并突出显示要设置为锚点的项目。

（2）打开属性检查器并检查所选项目是否具有 ID。如果 ID 字段为空，需要添加 ID，如图 4–4 所示。添加 ID 后，需要注意代码所发生的更改。<td id= “锚点” > 已插入到选择的代码中，如图 4–5 所示。

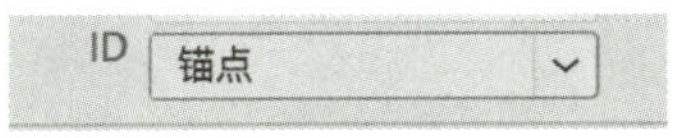

图 4–4 ID 字段

```
<td id="锚点">666 </td>
```

图 4–5 ID 代码段

2. 链接回锚点

在【文档】窗口的【设计】视图中，选择要从其创建链接的文本或图像。

在属性检查器的【链接】文本框中，键入一个数字符号（#）和锚点名称。注意，锚点名称应区分大小写。

【示例 3】使用指向文件方法链接到命名锚点。

操作步骤如下。

（1）打开包含对应命名锚点的文档。如果未看到锚点，可从【设计】视图中，选择【视图】→【设计视图选项】→【可视化助理】→【不可见元素】命令使锚点可见，如图 4–6 所示。

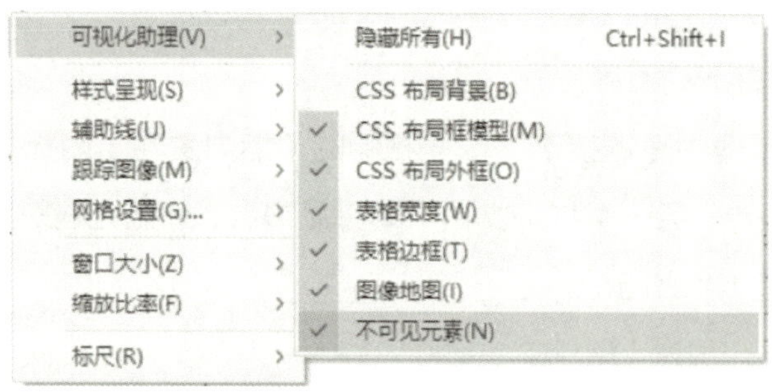

图 4–6 【不可见元素】面板

（2）在【文档】窗口的【设计】视图中，选择要从其创建链接的文本或图像。如果打开的文档是其他文档，则必须切换到该文档。

（3）执行下列操作。

①单击属性检查器中【链接】文本框右侧的【指向文件】图标，然后将它拖到要链接到的锚点上：可以是同一文档中的锚点，也可以是其他打开文档中的锚点。

②在【文档】窗口中，按住【Shift】键将所选文本或图像拖至要链接到的锚点：可以是同一文档中的锚点，也可以是另一打开的文档中的锚点。

三、创建电子邮件链接

单击电子邮件链接时，如果使用的是与用户浏览器相关联的邮件程序，该链接将打开一个新的空白信息窗口。在电子邮件消息窗口中，【收件人】文本框自动更新为显示电子邮件链接中指定的地址。

【示例 4】使用【插入电子邮件链接】命令创建电子邮件链接。

操作步骤如下。

（1）在【文档】窗口的【设计】视图中，将插入点放在希望出现电子邮件链接的位置，或者选择要作为电子邮件链接出现的文本或图像。

（2）执行下列操作之一，插入该链接。

①选择【插入】→【电子邮件链接】命令。

②在【插入】面板的【常用】类别中，单击【电子邮件链接】按钮，如图 4–7 所示。

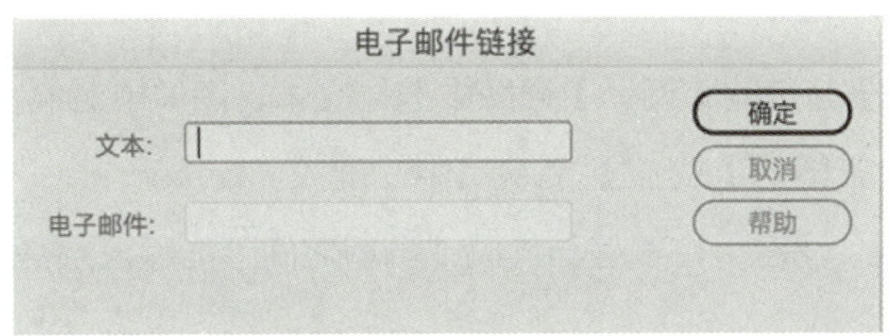

图 4–7　电子邮件链接

（3）在【文本】文本框中，输入或编辑电子邮件的正文。

（4）在【电子邮件】文本框中，输入电子邮件地址，然后单击【确定】按钮。

【示例 5】使用属性检查器创建电子邮件链接。

在【文档】窗口的【设计】视图中选择文本或图像。

在属性检查器的【链接】文本框中，输入“mailto:，”其后接电子邮件地址。在冒号与电子邮件地址之间不能输入任何空格，如图 4–8 所示。

图 4–8　【链接】文本框

【示例 6】自动填充电子邮件的主题行。

如上所述，使用属性检查器创建电子邮件链接。

（1）在属性检查器的【链接】文本框中，在电子邮件地址后添加“? subject=”，并在等号后输入一个主题。在问号和电子邮件地址结尾之间不能输入任何空格。

（2）完整输入如下所示：

“mailto:someone@yoursite.com?subject=Mail from Our Site”。

四、虚拟链接和脚本链接

虚拟链接是未指派的链接，其主要用于向页面上的对象或文本附加行为。例如，可以向虚拟链接附加一个行为，以便在指针滑过该链接时交换图像或显示绝对定位的元素（AP 元素）。脚本链接执行 JavaScript 代码或调用 JavaScript 函数。虚拟链接能够在不离开当前网页面的情况下为访问者提供有关某项的附加信息。脚本链接还可以在访问者单击特定项时，执行计算、验证表单以及其他处理任务。

1. 创建虚拟链接

操作步骤如下。

（1）在【文档】窗口的【设计】视图中选择文本、图像或对象。

（2）在属性检查器中，在【链接】文本框中键入“javascript:;”（javascript 一词后依次接一个冒号和一个分号）。

2. 创建脚本链接

操作步骤如下。

（1）在【文档】窗口的【设计】视图中选择文本、图像或对象。

（2）在属性检查器的【链接】文本框中，键入“javascript:”，后跟 JavaScript 代码或一个函数调用。注意，在冒号与代码或调用之间不能输入空格。

第四节　使用热点制作图像映射

图像映射是指已被分为多个区域（称为热点）的图像。当用户单击某个热点时，会发生某种动作（例如，打开一个新文件）。客户端图像映射将超文本链接信息存储在 HTML 文档中，当站点访问者单击图像中的热点时，相关 URL 被直接发送到服务器。由于服务器不必说明访问者的单击位置，客户端图像映射比服务器端图像映射要快。Dreamweaver CC 并不改变现有文档中对服务器端图像映射的引用。在同一文档中，可以同时使用客户端图像映射与服务器端图像映射。但是，同时支持这两种图像映射类型的浏览器赋予客户端图像映射以优先权。如果要在文档中包含服务器端图像映射，必须编写相应的 HTML 代码。

一、插入客户端图像映射

在插入客户端图像映射时，通常先需要创建一个热点，然后定义用户单击此热点时所打开的链接，也可以创建多个热点，但需要明确的是，它们是同一图像映射的一部分。

【示例 7】插入客户端图像映射。

操作步骤如下。

（1）在【文档】窗口中，选择图像。

（2）在属性检查器中，单击右下角的展开箭头，查看所有属性，如图 4-9 所示。

图 4-9　属性检查器

（3）在【地图】字段中，为该图像映射输入一个唯一的名称。如果在同一文档中使用多个图像映射，要确保每个地图都有唯一名称。

（4）若要定义图像映射区域，需要执行下列操作之一。

①选择圆形工具，并将鼠标指针拖至图像上，创建一个圆形热点，如图 4-10 所示。

②选择矩形工具，并将鼠标指针拖至图像上，创建一个矩形热点，如图 4-11 所示。

图 4-10　圆形工具

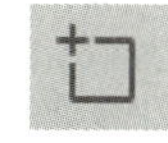

图 4-11　矩形工具

③选择多边形工具，在各个顶点上单击一下以定义一个不规则形状的热点。然后单击箭头工具封闭此形状，如图 4-12 所示。

创建热点后，即可出现热点属性检查器。

（5）在【链接】字段中，单击文件夹图标以浏览并选择在用户单击该热点时要打开的文件，或者键入其路径，如图 4-13 所示。

图 4-12　多边形工具

图 4-13　【链接】字段

（6）在【目标】下拉列表中，选择应在其中打开该文件的窗口或输入其名称，如图 4-14 所示。当前文档中所有已命名框架的名称都显示在此弹出列表中。如果指定的框架不存在，所链接的页面会加载到一个新窗口，该窗口可使用指定的名称，也可选用下列保留目标名。

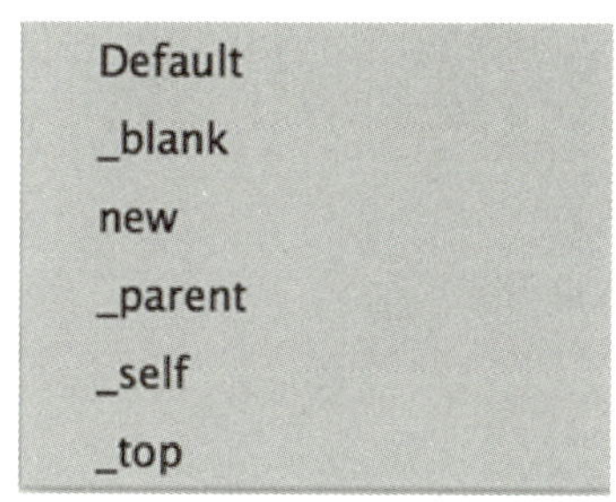

图 4-14　【目标】下拉列表

【_blank】：将链接的文件加载到一个未命名的新浏览器窗口中。

【_parent】：将链接的文件加载到含有该链接的框架的父框架集或父窗口中。如果包含链接的框架不是嵌套的，则链接文件加载到整个浏览器窗口中。

【_self】：将链接的文件加载到该链接所在的同一框架或窗口中。此目标是默认的，所以通常不需要指定。

【_top】：将链接的文件加载到整个浏览器窗口中，因而会删除所有框架。

【new】：将链接文件加载到一个新的浏览器窗口。

注意：只有当所选热点包含链接后，目标选项才可用。

（7）在【替换】文本框中，输入在纯文本浏览器或手动下载图像的浏览器中显示的替换文本。有些浏览器在用户将指针滑过热点时，将此文本显示为工具提示，如图 4-15 所示。

（8）重复 4 ~ 7 步，定义该图像映射中的其他热点。

图 4-15 【替换】文本框

（9）完成绘制图像映射后，在文档中的空白区域单击以更改属性检查器。

二、修改图像映射热点

编辑图像映射中创建的热点是非常基础的操作，通常包括移动热点区域，调整热点大小，或者在绝对定位的元素（AP 元素）中前后移动热点。还可以将含有热点的图像从一个文档复制到其他文档，或者复制某图像中的一个或多个热点，然后将其粘贴到其他图像上，这样就将与该图像关联的热点也复制到新文档中。

三、选择图像映射中的多个热点

（1）使用指针热点工具选择一个热点，如图 4-16 所示。

（2）执行下列操作之一。

图 4-16 指针热点工具

①按下【Shift】键的同时单击要选择的其他热点。

② Windows 系统点击【Ctrl+A】组合键，选择所有热点。

③ Mac 系统点击【Command+A】组合键，选择所有热点。

四、移动热点

（1）使用指针热点工具选择该热点。

（2）执行下列操作之一。

①将此热点直接拖动到新区域。

②同时使用【Ctrl】键和方向键，将热点向选定方向一次移动 10 个像素。

③使用方向键，将热点向选定方向一次移动 1 个像素。

五、调整热点大小

（1）使用指针热点工具，选择该热点。

（2）拖动热点选择器手柄以更改热点的大小或形状。

第五章

在网页中应用 CSS 样式

第一节　CSS 样式表的认知

层叠样式表（Cascading Style Sheets）是一种用来表现 HTML（标准通用标记语言的一个应用）或 XML（标准通用标记语言的一个子集）等文件样式的计算机语言。CSS 不仅仅可以静态地修饰网页，还可以配合各种脚本语言动态地对网页各元素进行格式化。CSS 能够对网页中元素位置的排版进行像素级精确控制，支持几乎所有的字体字号样式，拥有对网页对象和模型样式编辑的能力。

一、CSS 样式的类型

1. 外部样式表

外部式（也称为外联式）CSS 样式是将 CSS 代码写一个单独的外部文件中，这个 CSS 样式文件以“.css”为扩展名，在 <head> 内（不是在 <style> 标签内）使用 <link> 标签将 CSS 样式文件链接到 HTML 文件内。如果希望多个页面甚至于整个网站所有页面都采用统一风格，可选用外部样式表。根据样式文件与网页的关联方式，又分为链接外部样式表和导入样式表两种。

【示例 1】链接外部样式表。

```
<head>
    <link rel="Stylesheet" type="text/css" href="cmsjzy.css"/>
</head>
```

导入样式表如下。

```
<head>
    <style type="text/css">
```

```
    @import cmsjzy.css
  </style>
</head>
```

2. 内部样式表（位于 <head> 标签内部）

内部式 CSS 样式在 HTML 文档 head 中，以 <style> 标签包裹，直接写在 HTML 文档中。内部样式只对某个网页起作用，一般写在 <head></head> 里面，也有写在 <body></body> 里的（通常建议写在 <head></head> 里）。

【示例 2】链接内部样式表（位于 <head> 标签内部）。


```
<html>
<head>
  <title> 大连理工大学 –www.dlut.cn</title>
  <style type="text/css">
    .cmsjzy1{color:Red}
    .cmsjzy2{color:Blue}
  </style>
</head>
<body>
<p class="cmsjzy1"> 大连理工大学 </p>
<p class="cmsjzy2">www.dlut.cn</p>
</body>
</html>
```

3. 内联样式（在 HTML 元素内部）

内联式 CSS 样式表又称为行内样式、行间样式，使用 style 属性来定义。如果希望某段文字与其他段落的文字显示风格不一样，可选用行内样式。内联式 CSS 样式表就是把 CSS 代码直接写在现有的 <HTML> 标签中。

【示例 3】链接内联样式（在 HTML 元素内部）。

```
<html>
<head>
  <title>CMS 大连理工大学 –www.dlut.cn</title>
</head>
<body>
<p style="color:Red">CMS 大连理工大学 </p>
<p style="color:Blue">www.dlut.cn</p>
```

```
</body>
</html>
```

注意事项如下：

（1）CSS 样式文件名称一般以有意义的英文字母命名，如 main.css；

（2）rel="stylesheet" type="text/css" 是固定写法不可修改；

（3）<link> 标签位置一般写在 <head> 标签之内。

这三种样式是有优先级的，记住它们的优先级：内联式 > 内部式 > 外部式。但是内部式 > 外部式有一个前提：内部式 CSS 样式的位置一定在外部式的后面。

操作依据就近原则（离被设置元素越近优先级别越高）。但是，应注意上面所总结的优先级是有一个前提：内联式、内部式、外部式样式表中 CSS 样式是在相同权值的情况下。

二、CSS 样式的基本语法

1.CSS 语法

CSS 样式的语法规则由选择器（selector）以及一条或多条声明（{declaration1；declaration2； ... declarationN }）两个主要的部分构成。

选择器通常是需要改变样式的 HTML 元素。每条声明由一个属性和一个值组成，属性（property）是希望设置的样式属性（style attribute）。每个属性有一个值，属性和值被冒号分开。用代码即可表示为 selector {property：value}。

图 5-1 中代码的作用是将 h1 元素内的文字颜色定义为红色，同时将字体大小设置为 14 像素。在这行代码中，h1 是选择器，color 和 font-size 是属性，red 和 14px 是值。

图 5-1　代码的结构

2. 值的不同写法和单位

除了英文单词 red，我们还可以使用十六进制的颜色值 #ff0000，即

```
p { color：#ff0000； }
```

为了节约字节，我们可以使用 CSS 的缩写形式，即

```
p { color：#f00； }
```

我们还可以通过以下两种方法使用 RGB 值。

（1）p { color: rgb（255，0，0）； }。

（2）p { color: rgb（100%，0%，0%）； }。

需要注意的是，当使用 RGB 百分比时，即使当值为 0 时也要标注百分比符号。但是在其他的情况下就不需要这么做。例如当尺寸为 0 像素时，0 之后不需要使用 px 单位。

3. 给值添加引号

如果值为若干单词，则要给值加引号，即

```
p {font-family: "sans serif"; }
```


4. 多重声明

如果要定义不止一个声明，则需要用分号将每个声明分开，最后一条声明不加分号。但是大多数有经验的设计师会在每条声明的末尾都加上分号，以便于从现有的规则中增减声明时，尽可能地减少出错的可能性，如：

```
p {text-align:center;  color:red; }
```

应当在每行只描述一个属性，这样可以增强样式定义的可读性，如：

```
p {
    text-align: center;
    color: black;
    font-family: arial;
}
```

5. 空格和大小写

大多数样式表包含不止一条规则，大多数规则包含不止一个声明。多重声明与空格的使用，使得样式表更容易被编辑。

```
body {
    color: #000;
    background: #fff;
    margin: 0;
    padding: 0;
    font-family: Georgia,  Palatino,  serif;
    }
```

是否包含空格不会影响 CSS 在浏览器的工作效果，同样，与 XHTML 不同，CSS 对大小写没有明确要求。但是如果与 HTML 文档一起工作时，CLASS 和 ID 名称则要求区分大小写。

第二节　使用【CSS 设计器】面板

一、认识【CSS 设计器】面板

使用【CSS 样式】面板可以跟踪影响当前所选页面元素的 CSS 规则和属性（【正在】模式），或者影响整个文档的规则和属性（【全部】模式）。使用【CSS 样式】面板顶部的切换按钮可以在两种模式之间切换。通过使用【CSS 样式】面板，还可以在【全部】与【正在】模式下修改 CSS 属性，如图 5-2 所示。

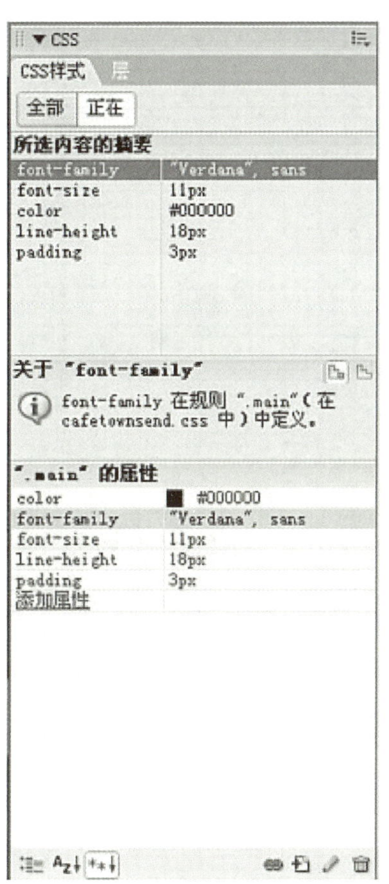

图 5-2　修改 CSS 属性

通常可以通过拖放窗格之间的边框来调整任一窗格的大小。在【正在】模式下，【CSS 样式】面板显示三个窗格：①【所选内容的摘要】窗格显示文档中当前所选内容的 CSS 属性；②【所有规则】窗格显示所选属性的位置（或所选标签的规则的层叠，具体取决于用户的选择）；③【属性】窗格允许用户编辑用于定义所选内容的规则的 CSS 属性。在【全部】模式下，【CSS 样式】面板显示两个窗格：【所有规则】窗格（顶部）和【属性】窗格（底部）。【所有规则】窗格显示当前文档中定义的规则以及附加到当前文档的样式表中定义的所有规则的列表。使用【属性】窗格可以编辑【所有规则】窗格中任何所选规则的 CSS 属性。对于【属性】窗格所做的任何更改都将立即应用，可以在操作的同时预览效果。

二、创建 CSS 样式表

在使用 CSS 样式改变页面外观前，要先创建 CSS 样式，将想要实现的风格样式定义在 CSS 样式表中，然后才能套用该样式。

【示例 4】新建 CSS 样式。

操作步骤如下。

打开 Dreamweaver CC，新建一个空文档，然后选择【窗口】→【CSS 样式】命令，打开【CSS 样式】面板。在未定义 CSS 样式之前，【CSS 样式】面板的内容是空的，如图 5-3 所示。

（1）单击【CSS 样式】面板下的【新建 CSS】按钮（图 5-3 中最下方），将弹出如图 5-4 的【新建 CSS 规则】对话框。

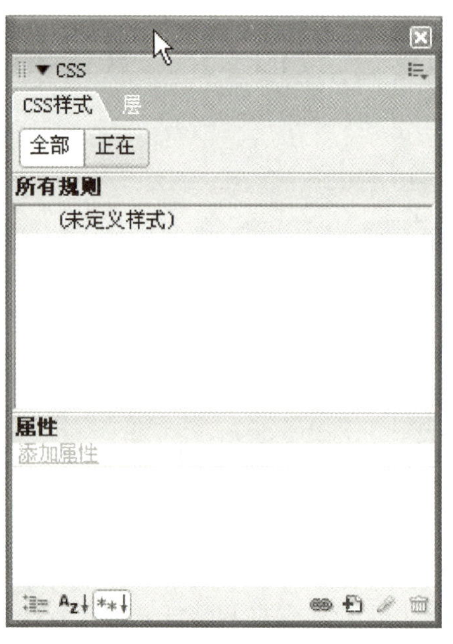

图 5-3 【CSS 样式】面板

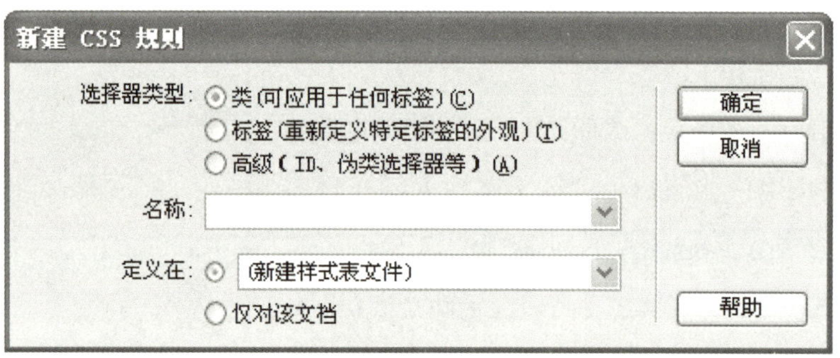

图 5-4 【新建 CSS 规则】对话框

（2）选择器类型为“类”（可应用于任何标签），在【名称】下拉表框中输入 CSS 样式的名称，本示例应输入“.cssstyle”。要注意的是，CSS 样式的名称都是以“.”开头的。

（3）在【定义在】选项区中，如果选择【（新建样式表文件）】单选按钮，可以新建一个样式文件，并可以应用于其他文档；如果选中【仅对该文档】单选按钮，则 CSS 样式仅选用于该文档的范围。

（4）单击【确定】按钮，将弹出如图 5–5 所示的【保存样式表文件为】对话框，提示保存样式文件。

（5）在【文件名】表框中输入“style”（注意先最小化 Dreamweaver CC，打开站点文件夹，在站点文件夹里再新建一个文件夹，并重命名为“css”，最后再最大化 Dreamweaver CC，在【保存在】下拉框中找到站点文件夹，如图 5–6 所示）。

双击 CSS 文件夹，然后在【文件名】表框中输入“style”并单击【保存】按钮，如图 5–7 所示。

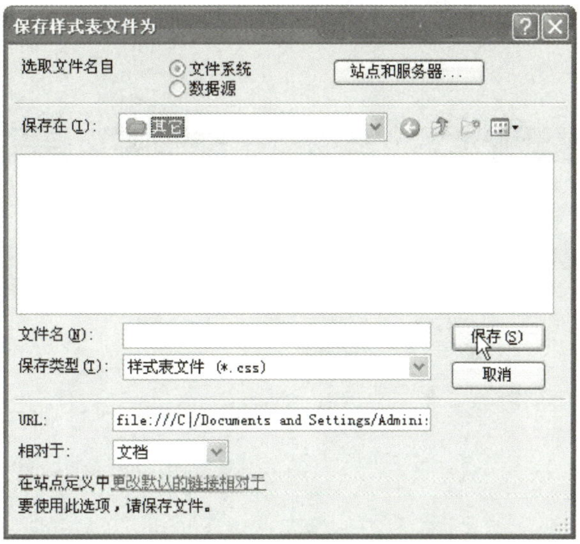

图 5-5 【保存样式表文件为】对话框

图 5-6 【保存样式表文件为】对话框

图 5-7 单击【保存】按钮

单击【保存】按钮后会弹出【.sssyle 的 CSS 规则定义（在 style.css 中）】对话框，如图 5–8 所示。

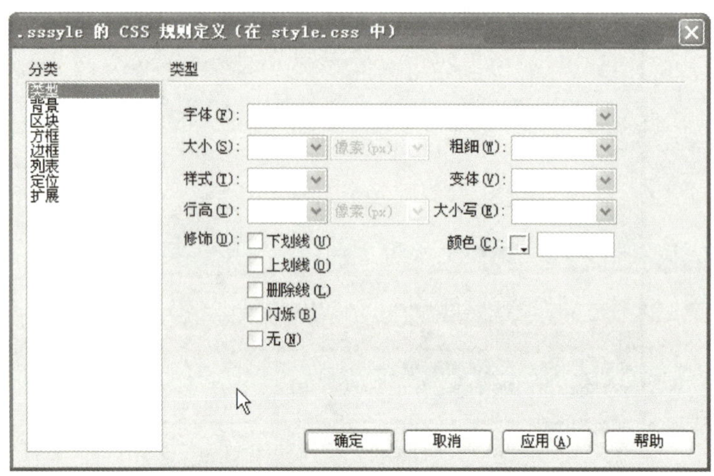

图 5–8 【.sssyle 的 CSS 规则定义（在 style.css 中）】对话框

三、设定媒体查询

在使用媒体（Media）时需要先设置以下代码，来兼容移动设备的展示效果。

（1）设置 Meta 标签。

<meta name="viewport" content="width=device-width，initial-scale=1.0，maximum-scale=1.0，user-scalable=no"> 这段代码的参数解释如下。

width = device-width：宽度等于当前设备的宽度。

initial-scale：初始的缩放比例（默认设置为 1.0）。

minimum-scale：允许用户缩放到的最小比例（默认设置为 1.0）。

maximum-scale：允许用户缩放到的最大比例（默认设置为 1.0）。

user-scalable：用户是否可以手动缩放（默认设置为 no）。

（2）加载兼容文件 JS。

因为 IE8 浏览器既不支持 HTML5 也不支持 CSS3 Media，所以需要加载以下两个 JS 文件，来保证代码实现兼容效果。

```
<!--[if lt IE 9]>
    <script src="https://oss.maxcdn.com/libs/html5shiv/3.7.0/html5shiv.js"></script>
    <script src="https://oss.maxcdn.com/libs/respond.js/1.3.0/respond.min.js"></script>
<![endif]-->
```

（3）设置 IE 渲染方式默认为最高（这部分可以选择添加也可以不添加）。

目前，IE 浏览器大部分升级到 IE9 以上，但是浏览器的文档模式却是 IE8，为了防止这种情况，通常需要以下一段代码来让 IE 的文档模式一直处于最新状态。

```
<meta http-equiv="X-UA-Compatible" content="IE=edge">。
```

此外，还可通过以下写法使 IE 浏览器的文档模式保持最新状态。

```
<meta http-equiv="X-UA-Compatible" content="IE=Edge，chrome=1">。
```

（4）CSS3 Media 写法。

下面这段代码是 Media 的一个标准写法。

```
@media screen and （max-width: 960px）{
    body{
        background: #ccc;
    }
}
```

以上代码中的“screen”，其作用是告知设备在打印页面时使用衬线字体，在屏幕上显示时用无衬线字体。当网站不需要考虑用户打印时，代码可以直接写成如下形式。

```
@media （max-width: 960px）{
    body{
        background: #ccc;
    }
}
```

当浏览器尺寸大于 960px 时，代码如下：

```
@media screen and （min-width:960px）{
    body{
        background:orange;
```

有时，还可以混合以上两种用法：

```
@media screen and （min-width:960px） and （max-width:1200px）{
    body{
        background:yellow;
    }
}
```

上面的这段代码的意思是当页面宽度大于 960px 小于 1200px 的时候执行下面的 CSS 样式。

（5）Media 所有参数汇总如下。

① width: 浏览器可视宽度。

② height: 浏览器可视高度。

③ device-width: 设备屏幕的宽度。

④ device-height：设备屏幕的高度。

⑤ orientation：检测设备目前处于横向还是纵向状态。

⑥ aspect-ratio：检测浏览器可视宽度和高度的比例。（例如 aspect-ratio:16/9）

⑦ device-aspect-ratio：检测设备的宽度和高度的比例。

⑧ color：检测颜色的位数。（例如：min-color:32 表示将检测设备是否拥有 32 位颜色）

⑨ color-index：检查设备颜色索引表中的颜色，它的值不能是负数。

⑩ resolution：检测屏幕或打印机的分辨率。例如：min-resolution:300dpi 或 min-resolution:118dpcm。

⑪ grid：检测输出的设备是网格设备还是位图设备。

四、设定选择器

1. 元素选择器

元素选择器通常是指某个 HTML 元素，如 p、h1、em、a 等，也可以是 HTML 本身。

2. 类选择器

在使用类选择器前，需要修改具体的文档标记，以便类选择器正常工作。

<p class="text"> 示例一 </p>

<h1 class="text"> 示例二 </h1>

同一个 class 名称可以应用在多个 HTML 标签上：

.text{font-size:10px；}

此时，<p><h1> 字体均变为 10px。

类选择器也可以结合元素选择器使用：

p.text{color:blue}（注意“p”与“.”以及“text”间不能有空格）

只将 <p> 颜色变为蓝色。

一个元素可以有多个类选择器：

<p class="text text2"></p>（text 与 text2 间用空格隔开）

3.ID 选择器

#into{color:red；}

<p id="into"> 段落 </p>

ID 选择器类似于类选择器，但有一定的区别。

（1）同一个名字的 ID 选择器在同一个 HTML 文档中只能使用一次。

（2）一个元素只能有一个 ID 选择器。

4. 属性选择器

如果希望选择有某个属性的元素，不论属性值是什么，都可以使用属性选择器。例如：

要给包含 title 属性的所有元素添加宽度为 1px 的实线红色边框，可以写为：

```
[title]{border:1px solid red}
<a href="#" title="a"> 点击 </a>
<img sre="" title="logo"/>
```

也可以只对包含 title 属性的 <a> 标签添加样式，写为：

```
a[title]{border:1px solid red}
```

5. 伪类选择器

结构：选择器：伪类选择器 { 属性：值 }

（1）锚伪类选择器各参数含义如下。

a:link{color: }——未访问的链接

a:visited{color: }——已访问的链接

a:hover{color: }——鼠标移动到链接上

a:active{color: }——选中的链接（鼠标点中的时候）

需要注意的是：要实现四个效果，“a:hover”必须在“a:linka”和“a:visited”之后，“a:active”必须在“a:hover”之后。

（2）focus 伪类选择器：在元素获得焦点时向元素添加样式。

```
input:focus{
    background-color:yellow;
}
<input type="text">
```

效果：鼠标点击输入框时，输入框背景变为黄色。

应用于有焦点的元素，除了输入框外，<a> 标签也有焦点。

（3）first-child 伪类选择器：选择元素的第一个子元素。

例如 p:first-child{color:red; }

```
<div>
    <p> 第一个 p 元素 </p>
    <p> 第二个 p 元素 </p>
</div>
```

" 第一个 p 元素变红 "

（4）last-child 伪类选择器：选择元素的最后一个子元素。

（5）nth-child（n）伪类选择器：选择元素的任意一个子元素，n 为数字。

（6）伪元素选择器。结构：选择器：伪元素 { 属性：值 }。

① firsr-line 伪元素选择器：向文本的首行设置样式。

p:first-line{color:red}

效果：<p> 第一行字符变为红色，且变红数量随窗口大小而改变。

② first-letter 伪元素选择器：向文本的第一个字符设置样式。

注意：first-line 伪元素选择器和 first-letter 伪元素选择器只能用于块元素。

③ before 伪元素选择器。在元素之前添加内容：

```
p:before{
    content:"";
}
```

④ after 伪元素选择器。在元素之后添加内容：

（7）选择器分组：使多个不同的元素拥有相同的属性，例如 h2，p{color:red；}。每个元素之间用逗号连接，不论什么选择器都可以。

通配选择器：将页面所有元素分在一组，且对所有元素都是有效的，并可以和任何元素匹配，例如 *{color：red；}。

（8）包含选择器：也称为后代选择器，可以选择作为某元素后代的元素。

【示例 5】div p{color:red；}

```
<div>
<p> 这是一个 p 标签 </p>
</div>
```

效果：只有 <div> 里的 <p> 标签变为红色。

需要注意的是：

①父元素和子元素之间用一个空格隔开；

②两个元素间的层次间隔可以是无限的，只要在父元素里均可以被选中。

（9）子元素选择器：只能选中子元素。

【示例 6】div>span{color:red；}

```
<div>
    <p>
        <span> 这是一个 span 标签 </span>
    </p>
    <span> 这也是一个 span 标签 </span>
</div>
```

效果：只有“这也是一个 span 标签”变红。

需要注意的是：

①父元素和子元素之间用“>”隔开；

②只会选中父元素之后的子元素，不会选中子元素之后的子元素。

（10）兄弟选择器。

div+p{background:red；}// 后面相邻的一个 <p>，即②变红。

div~p{background:red；}// 后面的所有 <p>，即②③变红。

① <div> 我是第一个 </div>；

② <div> 我是第一个 </div>；

③ <div> 我是第一个 </div>。

需要注意的是：

①两个兄弟元素间用加号或波浪号连接；

②加号只能选中后面相邻的一个元素，波浪号可以选中后面所有元素。

五、设置 CSS 规则属性

在创建 CSS 样式中，创建一个名为“sssyle”的 CSS 文件，如图 5-9 所示打开该文件。

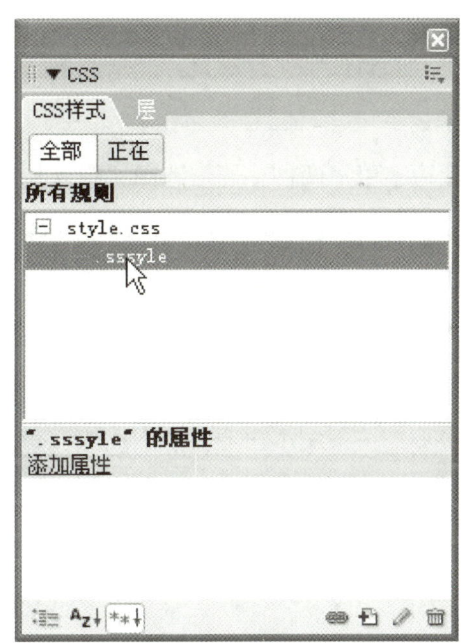

图 5-9 “sssyle”文件

用鼠标双击【.sssyle 的属性】，弹出【.sssyle 的 CSS 规则定义】对话框，如图 5-10 所示，本节将重点对 CSS 样式进行定义。

（1）【字体】。

用于设置字体类型，通常设置为宋体字。

（2）【大小】。

设置字号的大小可输入具体字号大小像素值，也可从不同的字号大小中进行选择。早期网站都用的是 12 号字体。随着显示器屏幕加宽，现在很多网站都采用 14 号字体，也可以根据个人的爱好决定字体大小。

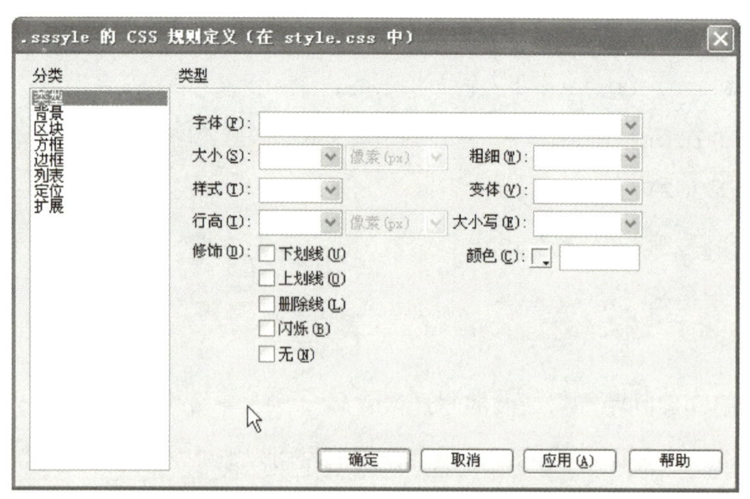

图 5-10 【.sssyle 的 CSS 规则定义】对话框

（3）【粗细】。

设置字体的粗细，有“普通”和“粗体”两种选择，通常选择“普通”。

（4）【样式】。

有“正常”“斜体”和“偏斜体”三种样式，通常选择“正常”。

（5）【变体】。

有“正常”和“小型大写字母”两种，通常选择“正常”。

（6）【行高】。

指字的行与行之间的距离，可选择“正常”和“行高”。当选择“行高”时，会要求选择一个数值，并且有“像素”“点数”“%”等单位选择。

（7）【大小写】。

设置首字母大写、全部大写、全部小写或者两个选项，使用次数少，一般不设置。

（8）【修饰】。

可以选择字有“下划线”“上划线”“删除线”“闪烁字体”或“无修饰”五种效果。一般选择“无修饰”。

（9）【颜色】。

设置文本的颜色，一般选择“大众化”或“黑色”，根据个人喜好决定。

第三节　使用 CSS 样式

一、应用 CSS 样式

方法一：采用内联样式。

内联样式可以通过 style 属性直接套用在定义对象的 HTML 标记中，即采用 style 属性值作为内联样式，使用格式如下。

< 标记名 style="CSS 样式属性名值对 ">

例如 <span style="font-size:24px; color : red; "> 是 </span> 的内容，如图 5-11 所示。

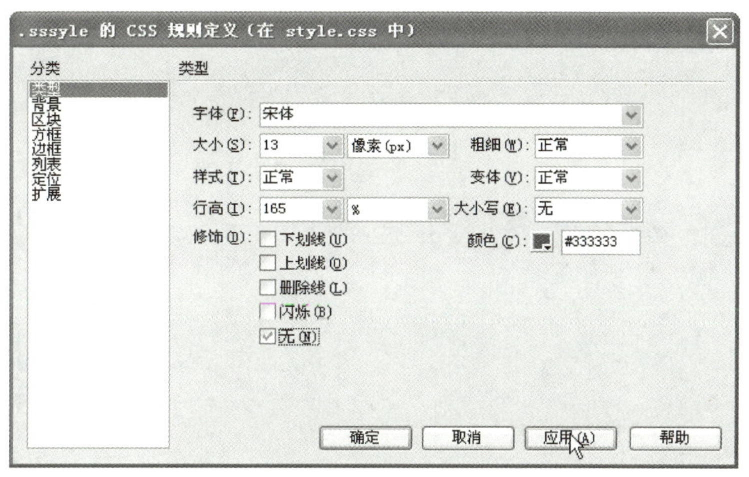

图 5-11　标记名 style

使用内联样式可以用于几乎所有的 HTML 标记，但也有如下缺点。

（1）内联样式会与需要展示的内容融合在一起，因此会使网页维护工作非常麻烦。

（2）使用内联样式需要记忆大量的 CSS 样式属性名，在实际中往往很少使用内联样式。

（3）CSS 样式中的部分属性与 HTML 标记的属性不相同，例如表示文本大小的 CSS 样式属性名为 font-size，而 <font> 标记中表示文本大小的属性名为 size。

（4）不如用内部样式方便。

方法二：采用内部样式。

在 DW 的样式面板（按下【Shift+F11】键即可调出）单击加号可新建通用样式，如图 5-12 所示。

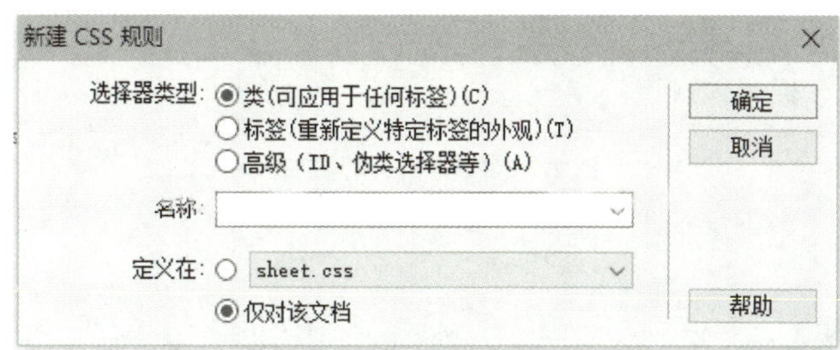

图 5-12　新建通用样式

然后完成对样式的设置，就会在代码窗口中出现该样式的定义，如图 5-13 所示。

可以将样式名前的“.”修改为“#”，此时引用“#”样式则需要使用 ID 属性而不是 Class 属性，如图 5-14 所示。

```
<style type="text/css">

.ll {
    font-family: Arial, Helvetica, sans-serif;
    font-size: 24px;
}

.d {
}
</style>
```

图 5-13　代码窗口

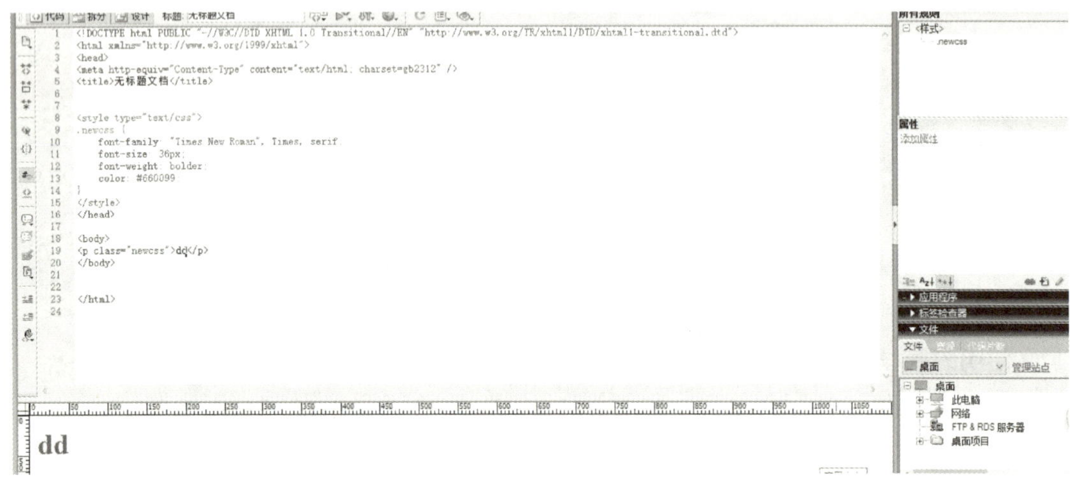

图 5-14　使用 ID 属性

方法三：采用外部样式。

内部样式是指在页面文档顶部建立的 CSS 样式可供本页面中所有的 HTML 标记引用。如果要建立所有页面都能使用的样式，则需要建立外部样式。外部样式是一个以“.CSS”文件作为扩展名的文本文件，其中包含了许多样式的定义，在 DW 中，使用菜单【文件】→【新建】→【常规】→【CSS 样式表】命令，进入 CSS 样式文件的编辑窗口，如图 5-15 所示。

```
body {
    font-family: Arial, Helvetica, sans-serif;
    
}

td {
    font-family: Arial, Helvetica, sans-serif;
}

th {
    font-family: Arial, Helvetica, sans-serif;
}
```

图 5-15　CSS 样式文件的编辑窗口

在上面的窗口里，有三个 HTML 标记（body、td 和 th 分别代表主题、表格的单元格和表格的行的样式，它们会自动应用于文档的主体、表格的单元格和表格的行，实质上是重新定义 HTML 标记的外观）。默认情况下，新建 HTMl 文档时，页面主体部分输入的文本大小是 16px、黑色。为了引用样式文件中的通用 CSS 样式，需要在页面的头部使用 <Link> 标记，格式如下：

<link rel="stylesheet" href=" 扩展名为 CSS 的样式文件名 ">

rel="stylesheet" 表示引用文件和当前页面的关系，即引用文件修饰当前页面文件；href 属性设置了引用的 CSS 样式文件。

然后就可以对任意新建的文档采用此 CSS 样式了，如图 5-16 所示。

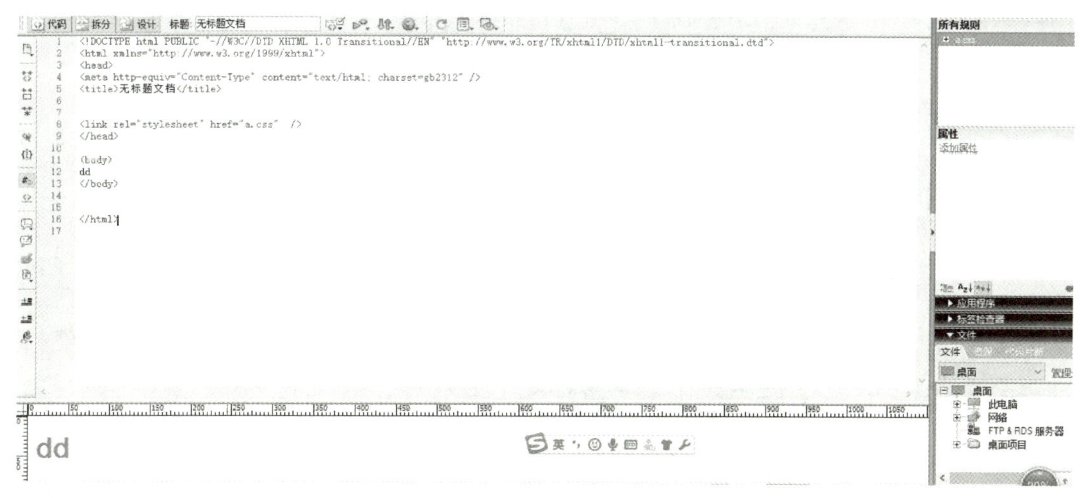

图 5-16 CSS 样式

二、使用多类 CSS 选区

在 CSS 中存在着许多选择器，下面将详细讲解多类选择器。

【示例 7】在 CSS 中使用多类选择器。

操作步骤如下。

（1）首先创建环境。

（2）创建环境后，添加三个样式，分别为多类 1 变蓝色，多类 2 变斜体，多类 3 改变字体大小，如图 5-17、图 5-18 所示。浏览器中的效果图如图 5-19 所示。

```
index.html ×   ht.html ×   实验.html ×   Jing.css ×   tr.css ×

<!DOCTYPE html>
<html>
<head lang="en">
    <meta charset="UTF-8">
    <title>多类选择器</title>
    <link rel="stylesheet" href="Jing.css" type="text/css">
</head>
<body>
    <p class="多类1">这是多类选择器的一个测试</p>
    <p class="多类2">这是多类选择器的一个测试</p>
    <p class="多类3">这是多类选择器的一个测试</p>
</body>
</html>
```

图 5-17 添加三个样式

图 5-18　三个多类

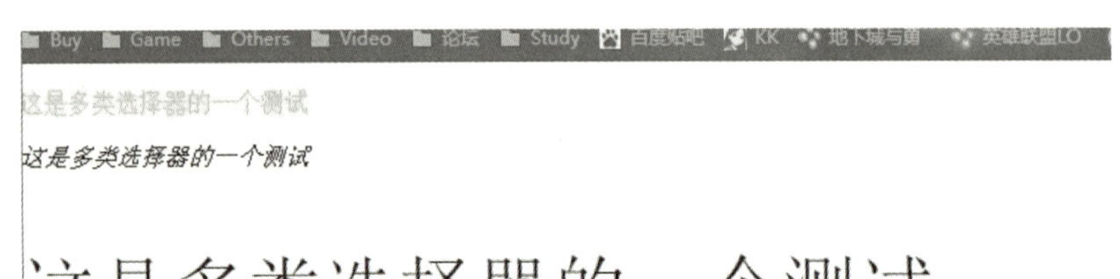

图 5-19　浏览器中的效果图

（3）在“body”中添加 “<p class=" 多类 1 多类 2 多类 3"> 这是多类选择器的最后一个测试 </p>”，其中“class”命名均以空格隔开，如图 5-20 所示。

```
<!DOCTYPE html>
<html>
<head lang="en">
    <meta charset="UTF-8">
    <title>多类选择器</title>
    <link rel="stylesheet" href="Jing.css" type="text/css">
</head>
<body>
    <p class="多类1">这是多类选择器的一个测试</p>
    <p class="多类2">这是多类选择器的一个测试</p>
    <p class="多类3">这是多类选择器的一个测试</p>
    <p class="多类1 多类2 多类3">这是多类选择器的最后一个测试</p>
</body>
</html>
```

图 5-20　添加测试

添加后，效果图也相应发生了变化，“这是多类选择器的最后一个测试”拥有了前 3 个的全部效果而成为多类选择器，它将会把所选的效果都添加上，应用十分方便，如图 5-21 所示。

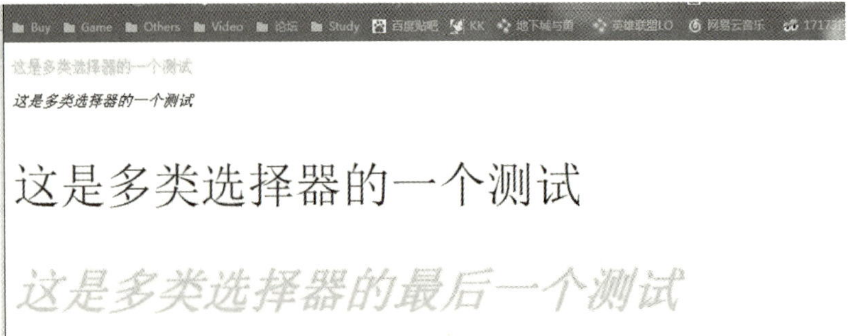

图 5-21　多类选择器

第四节 设置 CSS 样式

一、设置背景类型

设置【背景】属性，如图 5-22 所示。

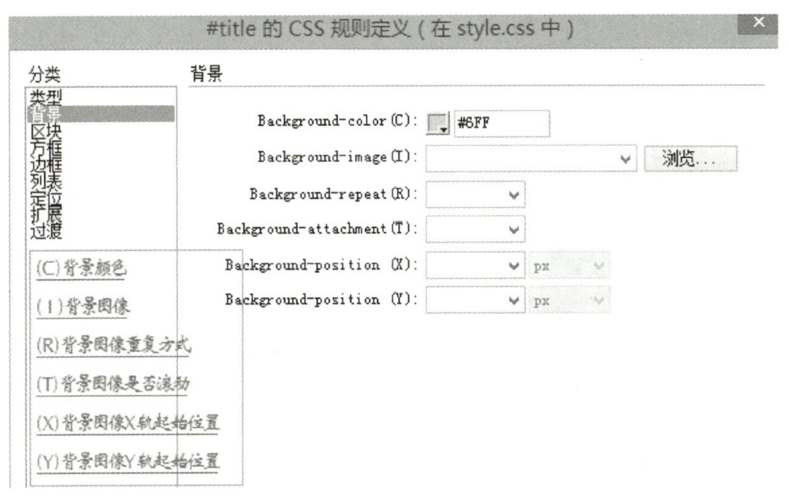

图 5-22 设置【背景】属性

（1）【背景颜色】：设置选中的文本颜色。

（2）【背景图像】：设置文本的背景图像。

（3）【背景图像重复方式】：设置当背景图像不能填满页面时，是否重复背景图像。“不重复”代表只显示一次，不论能不能填满，都不重复背景图像；“重复”代表背景图像不能填满页面时一直重复下去，直至填满为止；“横向重复”代表只在水平方向重复背景图像；“纵向重复”代表只在竖直方向重复背景图像。

（4）【背景图像是否滚动】：设置背景图像是固定在一处，还是连同网页一起滚动。“固定”代表固定在初始位置；“滚动”代表连同网页的内容一起滚动。

（5）【背景图像 X 轴起始位置】：设置背景图像相对于页面元素在水平方向上的初始位置，可以使用左对齐、居中对齐和右对齐三种方式，也可以设置具体的数值。

（6）【背景图像 Y 轴起始位置】：设置背景图像相对于页面元素在垂直方向上的初始位置，可以使用顶部对齐、居中对齐和底部对齐三种方式，也可以设置具体的数值。

注：如果在【背景图像是否滚动】下拉列表中选择了【固定】选项，则该选项是相对于文档窗口而不是相对于元素。设置背景图像相对于元素的初始位置属性，能够得到 Internet Explorer（浏览器）的支持，但却不被 Netscape Navigator 所支持。

二、设置方框样式

网站建设中使用【CSS 规则定义】对话框的【方框】类别可以用于控制元素在页面上的放置方式的标签和属性定义设置，如图 5-23 所示。网站建设可以在应用填充和边距设置时将设置应用于元素的各边，也可以使用【全部相同】设置将相同的设置应用于元素的所有边。

图 5-23 设置【方框】标签和属性

CSS 的【方框】选项中各参数如下。

【Width】和【Height】：设置元素的宽度和高度。

【Float】：网站建设中设置其他元素在哪条边围绕元素浮动。其他元素按通常的方式环绕在浮动元素的周围。

【Clear】：定义不允许 AP Div 的边。如果清除边上出现 AP Div，则带有清除设置的元素将移到该 AP Div 的下方。

【Padding】：指定元素内容与元素边框之间的间距。取消选择【全部相同】选项可设置各个边的填充；选择【全部相同】选项则将相同的填充属性应用于元素的 Top、Right、Bottom 和 Left 边。

【Margin】显示一个元素的边框与另一个元素之间的间距。仅当应用于块级元素时，Dreamweaver CC 才在文档窗口中显示该属性。取消选择【全部相同】选项可设置元素各个边的边距；选择【全部相同】选项将相同的边距属性应用于元素的 Top、Right、Bottom 和 Left 边。

三、设置区块样式

设置区块样式如图 5-24 所示。

（1）【单词间距】：设置单词之间的距离值，可以使用【正常】间距，也可以设置其他选项间距。如果在【单词间距】下拉列表中选择“值”选项，则可能在其后的下拉列表中选择间距单位。

（2）【字母间距】：设置字母之间的距离值，含义与【单词间距】下拉列表相同。

（3）【垂直对齐】：设置使用该属性项的元素的垂直对齐方式。

（4）【文本对齐】：设置使用该属性项的元素的对齐方式。

（5）【字缩进】：设置使用该属性项的元素的缩进量。

（6）【空格】：设置元素中空白的方式。选择【正常】选项，表示空格将收缩；选择【保留】选项与使用 <pre> 标记时才会换行。

（7）显示：设置是否显示元素以及如何显示元素。选择【无】选项，将关闭元素的显示。

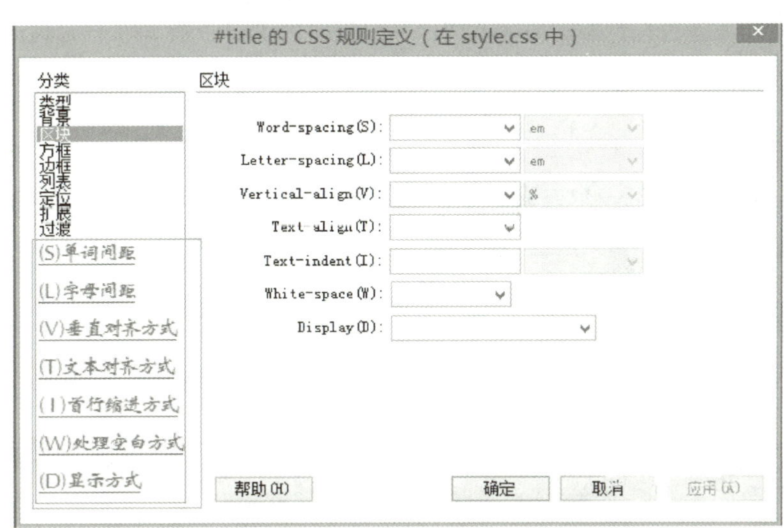

图 5-24　区块样式

四、设置边框样式

设置边框样式如图 5-25 所示。

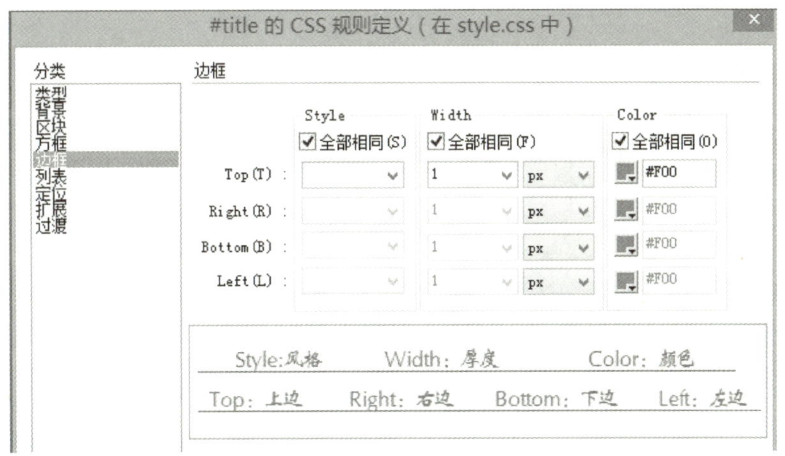

图 5-25　设置边框样式

元素的边框（border）是指围绕元素内容和内边距的一条或多条线。

CSS 边框属性规定元素边框的样式、宽度和颜色。

1.CSS 边框

在 HTML 中，可以使用表格来创建文本周围的边框。若使用 CSS 边框属性，则可以创建出效果出色的边框，并且可以应用于任何元素。

每个边框包含宽度、样式以及颜色 3 个方面。

2. 边框与背景

CSS 规范指出，边框应绘制在“元素的背景之上”。由于有些边框是“间断的”（例如点线边框或虚线框），而元素的背景应当出现在边框的可见部分之间。CSS2 指出背景只延伸到内边距，而不是边框。后来 CSS2.1 进行了更正：元素的背景是内容、内边距和边框区的背景。大多数浏览器都遵循 CSS2.1 定义，不过一些版本陈旧的浏览器可能会有不同的定义方式。

3. 边框的样式

样式是边框最重要的一个方面，不仅因为样式控制着边框的显示，还因为如果没有样式，将根本没有边框。

五、设置定位样式

设置定位样式如图 5-26 所示。

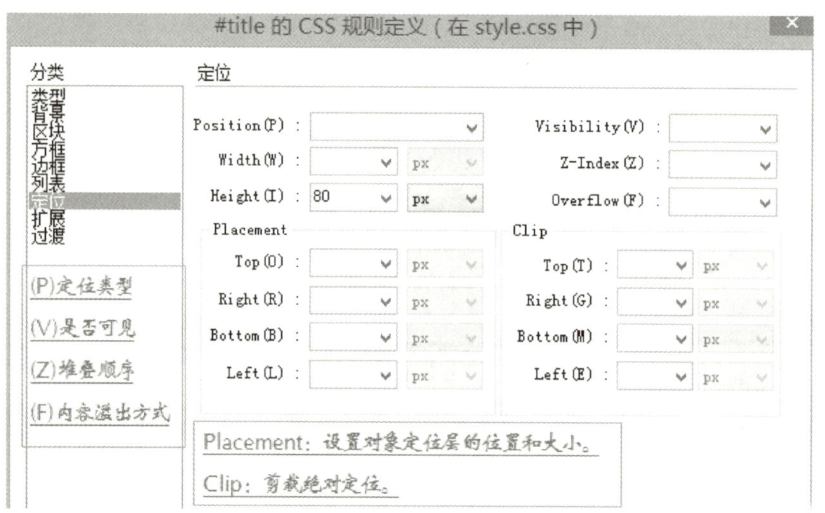

图 5-26　设置定位样式

CSS 定位（Positioning）属性允许对元素进行定位。

CSS 为定位和浮动提供了一些属性。利用这些属性，可以建立列式布局，将布局的一部分与另一部分重叠，还可以完成通常需要使用多个表格才能完成的任务。

定位的基本思想很简单，它允许定义元素框相对于其正常位置应该出现的位置，或者相对于父元素、另一个元素甚至浏览器窗口本身的位置。CSS1 中首次提出了浮动，它以 Netscape 浏览器在网页发展初期增加的一个功能为基础。浮动不完全是定位，也不是正常流布局。

六、设置扩展样式

设置扩展样式如图 5-27 所示。

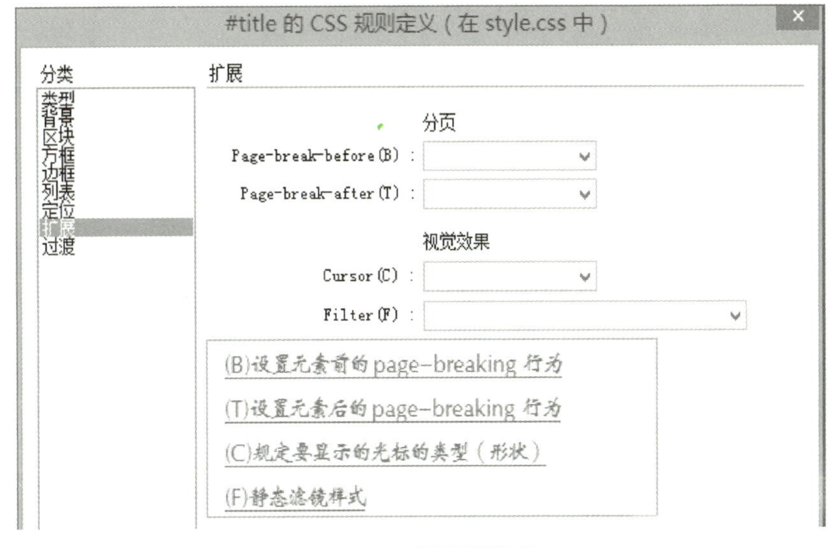

图 5-27　设置扩展样式

七、设置过渡样式

设置过渡样式如图 5-28 所示。

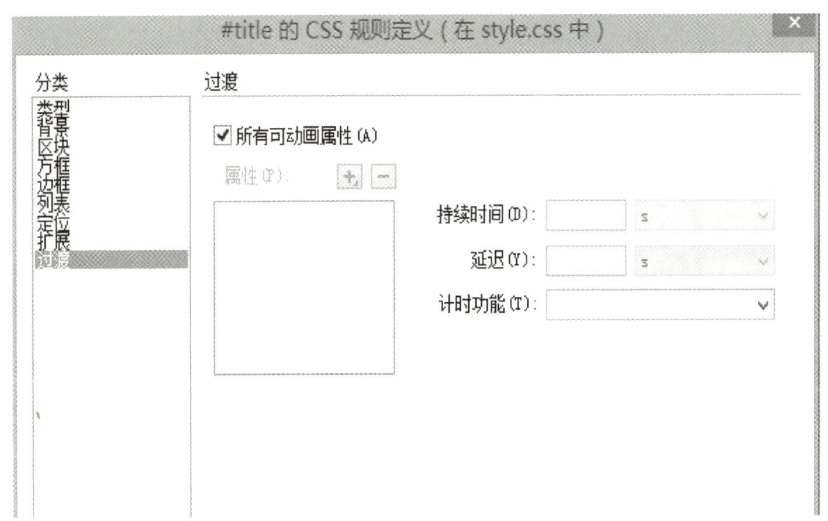

图 5-28　设置过渡样式

第五节　应用 CSS3 过渡效果

CSS3 的过渡功能可以让 CSS 的一些变化变得平缓。因为原生的 CSS 过渡在客户端需要处理的资源要比用 JavaScript 和 Flash 少得多，所以才会更平缓。过渡（Transition）属性如图 5-29 所示。

属性可以分开写，也可以放在一起写，比如下面的代码，图片的宽高本来都是 15px，想要迅速过渡到宽高为 450px，可通过“：hover”来触发完成，此时代码可以写成如下形式。

属性	描述
transition - property	指定要过渡的 css 属性
transition - duration	指定完成过渡要花费的时间
transition - timing-function	指定过渡函数
transition - delay	指定过渡开始出现的延迟时间

图 5-29 过渡（Transition）属性

```
img{ height:15px;
width:15px;
transition: 1s 1s height ease; /* 合在一起 */ }
或: img{ height: 15px;
width:15px;
transition-property: height;
transition-duration: 1s;
transition-delay: 1s;
transition-timing-function: ease; /* 属性分开写 */ }
img:hover{ height: 450px; width: 450px; }
```

因为过渡所需要时间与过渡延迟时间的单位都是秒，所以在合起来写 transition 属性的时候，第一个解析为 transiton-duration，第二个解析为 transition-delay。所以，可以给 transition 定义一个速记法：

transiton: 过渡属性 过渡所需时间 过渡动画函数 过渡延迟时间。

1. 属性含义

（1）transition-property：不是所有属性都能过渡，只有属性具有一个中间点值才具备过渡效果。

（2）transition-duration：指定从一个属性到另一个属性过渡所要花费的时间。默认值为 0 时，表示变化是瞬时的，看不到过渡效果。

（3）transiton-timing-function：指定过渡函数。过渡函数有如下几种：

liner ： 匀速。

ease-in：减速。

ease-out：加速。

ease-in-out：先加速再减速。

cubic-bezier：三次贝塞尔曲线。

2. 触发过渡

单纯的代码不会触发任何过渡操作，需要通过用户的行为（如点击，悬浮等）触发，可触发的方式有：:hoever :focus :checked 媒体查询触发、 javascript 触发。

3. 局限性

transition 的优点主要在于简单易用，但是它存在很大的局限性。

（1）transition 需要事件触发，所以无法在网页加载时自动发生。

（2）transition 是一次性的，不能重复发生，除非一再触发。

（3）transition 只能定义开始状态和结束状态，不能定义中间状态，即只有两个状态。

（4）一条 transition 规则只能定义一个属性的变化，不能涉及多个属性。

第六章
应用 Div CSS 布局网页

由于表格的使用属性复杂，使得网页设计变得困难，修改也比较烦琐。生成的网页代码除了表格自身的代码，还有很多多余的图像占位符等因素，而使用 CSS 布局可以切实改变这个状况。CSS 布局的重点不再放在表格元素的设计中，取而代之的是 HTML 中的另一个元素——Div。Div 是 Dreamweaver CC 中最常用的布局方法，其操作也比较简单，Div 可以形象地理解成图层或是一个块。

第一节 Div CSS 布局优势

Div CSS 布局是一种比较新的网页布局理念。在网页设计制作中，定位是页面中的绝对位置，也是相对于上级元素或另一个元素的相对位置。CSS 样式表是控制页面布局样式的基础，是真正能够做到网页表现与内容分离的一种样式设计语言。相对于传统 HTML 的简单样式控制来说，CSS 样式能够对网页中的对象位置排版进行更为精确的控制，支持几乎所有的字体字号样式，以及拥有对网页对象盒模型样式的控制能力，并能够进行初步页面交互设计，是目前基于文本展示的最优秀的表现设计语言。

1. 浏览器支持完善

目前 CSS 2 样式是众多浏览器支持的最完善的版本，最新的浏览器均以 CSS 2 为 CSS 支持原型设计，使用 CSS 样式设计的网页在众多平台及浏览器下最为适配。

2. 表现与结构分离

CSS 在真正意义上实现了设计代码与内容分离，在 CSS 的设计代码中，通过 CSS 的内容导入特性，又可以使设计代码根据设计需要进行二次分离。如为字体或版式等设计一套专门的样式表，根据页面显示的需要重新组织内容，使得设计代码本身也便于维护与修改。

3. 样式设计控制功能强大

对网页对象的位置排版能够进行像素级的精确控制，支持所有字体字号样式，具有优秀的盒模型控制能力和简单的交互设计能力。

第二节　CSS 盒模型

在 CSS 中，所有的页面元素都包含在一个矩形框内，这个矩形框被称为盒模型。盒模型描述了元素及其属性在页面布局中所占的空间大小，盒模型可以影响其他元素的位置及大小。一般来说，这些被占据的空间往往比单纯的内容要大，因此可以通过整个盒子的边框和距离等参数来调节盒子位置。

盒模型由 margin（边界），border（边框），padding（填充）和 content（内容）四部分组成，此外还具备高度和宽度两个辅助属性。

（1）margin：边界（外边距），设置内容与内容之间的距离。

（2）border：边框或内容边框线，可以设置边框的粗细、颜色、样式等。

（3）padding：填充（内边距），设置内容与边框之间的距离。

（4）content：内容，是盒模型必须具备的一部分，可以放置文字、图像等内容。

一个盒子的实际高度或宽度由以上四部分决定。在 CSS 中，通常可以通过设置【Width】或【Height】属性控制内容部分的大小。对于任何一个盒子，均可以分别设置四边的边框、边界和填充三个部分。

第三节　Div 层叠顺序

Div 对象除了可以直接放入文本和其他标签，还可以对多个 Div 标签进行嵌套层叠使用，最后合理地标识出页面的区域。

【示例 1】多个 Div 标签的嵌套层叠。

操作步骤如下。

（1）单击【插入】面板上的 Div 按钮，弹出【插入 Div】对话框。在该选项的下拉列表中可以选择要在网页中插入的 Div 位置，包括【在插入点】、【在标签之前】、【在开始标签之后】、【在结束标签之前】、【在标签之后】5 个选项，如图 6–1 所示。

（2）当选择除【在插入点】选项之外的任意一个选项后，可以激活第二个下拉列表，并在该下拉列表中选择某项标签进行操作。

【在插入点】：选择该选项，可以在当前鼠标所在位置插入相应的 Div。

【在标签之前】：选择该选项后，在第二个下拉列表中选择标签，可以在所选择的标签之前插入相应的 Div。

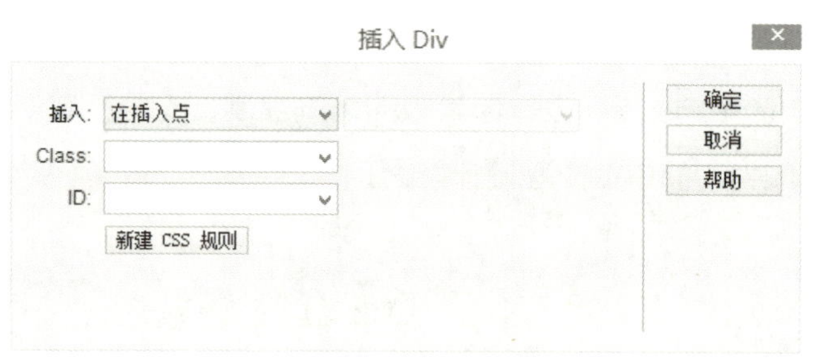

图 6-1 【插入 Div】对话框

【在开始标签之后】：选择该选项，在第二个下拉列表中选择标签，可以在所选择的标签开始作标签之后插入相应的 Div，如图 6-2 所示。

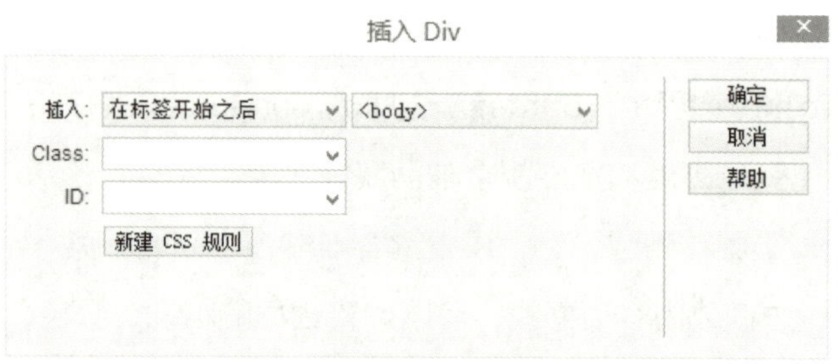

图 6-2 【在开始标签之后】选项下插入相应的 Div

【在结束标签之前】：选择该选项，在第二个下拉列表中选择标签，可以在所选择的标签结束作标签之前插入相应的 Div，如图 6-3 所示。

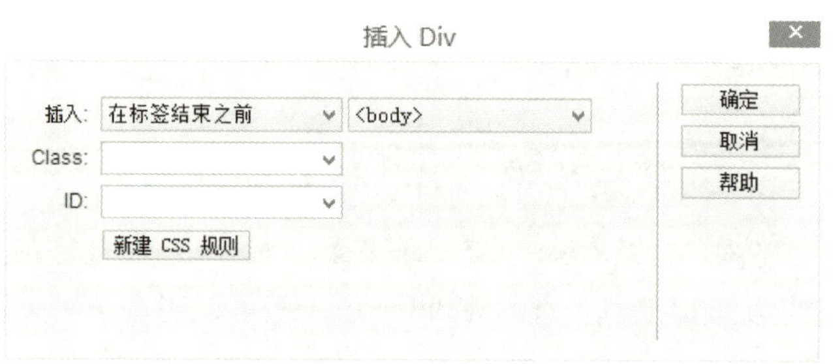

图 6-3 【在结束标签之前】选项下插入相应的 Div

【在标签之后】：选择该选项后，在第二个下拉列表中选择标签，可以在所选择的标签结束作标签之后插入相应的 Div。

【Class】：选择该选项，选择为所插入的 Div 输入 Class 属性。

【ID】：选择该选项，选择为所插入的 Div 标签的 ID 属性。

【新建 CSS 规则】按钮：单击该按钮，弹出【新建 CSS 规则】对话框，可以新建应用于所插入的 Div 的 CSS 样式。

（3）执行【插入 Div】命令，如图 6-4 所示，即可在 ID 名为“box”的 Div 中插入一个 ID 名为“top”的 Div，如图 6-5 所示。

在页面效果中，可发现网页除文字之外无其他效果，两个 Div 之间关系只是前后关系，并无其他组织形式，即 Div 本身与样式没有任何关系。在 CSS 布局之中所需要的工作可

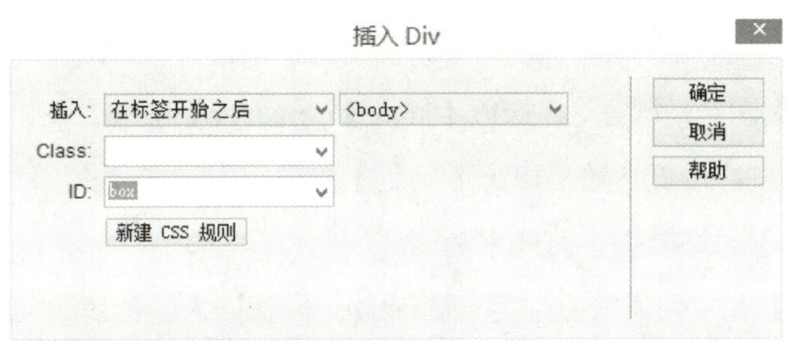

图 6-4　执行【插入】命令

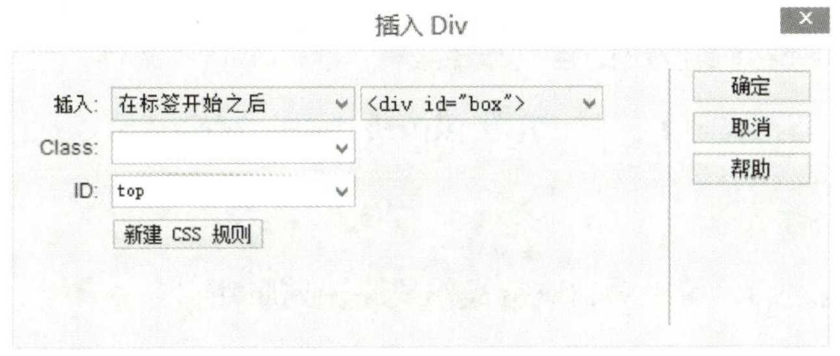

图 6-5　插入 ID 名为“top”的 Div

以简单归纳为两个步骤：首先使用 Div 将内容标记出来，然后为 Div 编写需要的 CSS 样式，如图 6-6 所示。

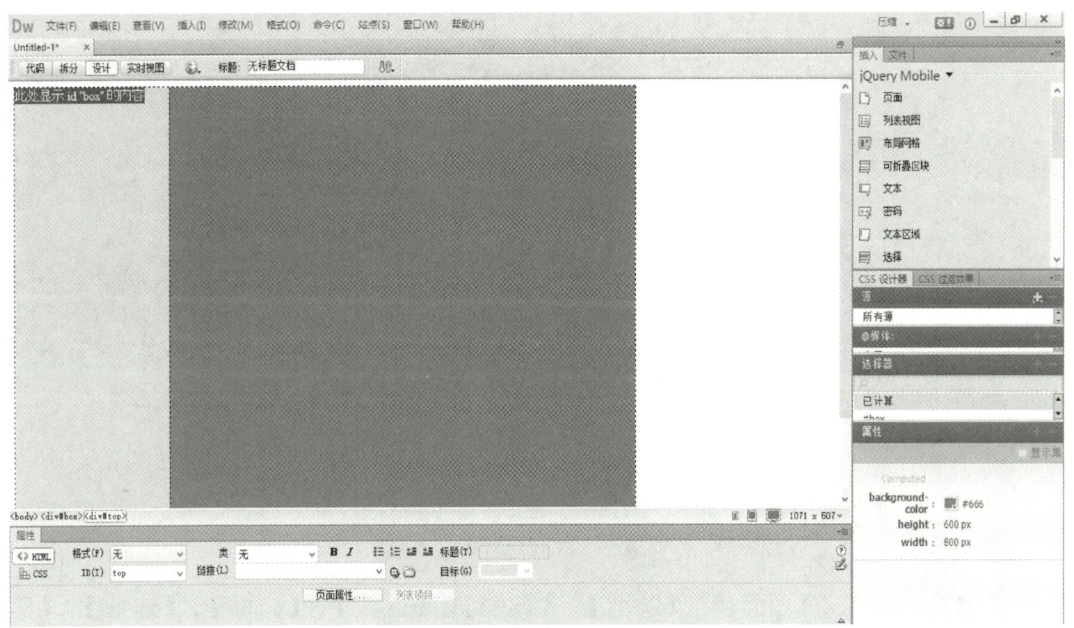

图 6-6　为 Div 编写需要的 CSS 样式

第四节　CSS 布局块

可以使用 Div 标签创建 CSS 布局块，并且在文档中对它们进行定位。如果将包含定位样式的现有 CSS 样式表附加到文档，其能够快速插入 Div 标签并对它应用现有样式。

一、创建 Div 标签

创建 Div 标签操作十分简单，执行【插入】→【Div】命令，在打开的【插入 Div】对话框中对其属性进行设置，随后点击【确定】按钮。

在【插入 Div】对话框中，有如下功能。

（1）【插入】下拉列表按钮：用于选择 Div 标签插入的位置，包括【在插入点】、【在开始标签之后】和【在结束标签之前】3 个选项栏。

（2）【类】下拉列表按钮：用于选择或输入 Div 标签的 Class 属性。

（3）【ID】下拉列表按钮：用于选择或输入 Div 的 ID 属性。

（4）【新建 CSS 规则】按钮：单击该按钮，可以为 Div 标签直接创建 CSS 样式。

二、编辑 Div 标签

创建 Div 标签之后，可以对它进行操作或编辑其属性。

【示例 2】编辑 Div 标签。

执行【插入】Div 标签命令，输入 ID 属性，点击【新建 CSS 规则】选项，点击【确定】按钮，即可弹出【新建 CSS 规则】页面，一般情况下保持默认选项，点击【确定】按钮，即可弹出该属性的【CSS 规则定义】并针对其属性进行编辑，如图 6–7 所示。

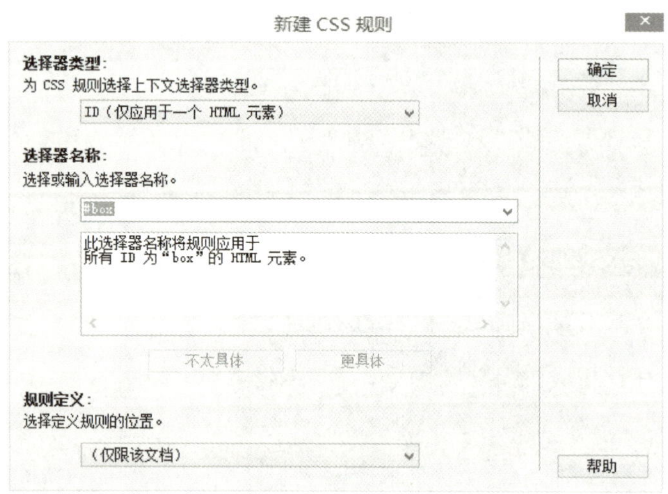

图 6–7 【CSS 规则定义】

【CSS 规则定义】页面包含【类型】、【背景】、【区块】、【方框】、【边框】、【列表】、【定位】、【扩展】、【过渡】9 个选项栏，可根据需要进行编辑，如图 6–8 所示。

三、可视化 CSS 布局块

在设计视图中工作时，一般可以使 CSS 布局块可视化。Dreamweaver CC 提供了多个可视化助理，以便查看 CSS 布局块。例如在设计网页时，可以为 CSS 布局块启用【CSS 布局外框】、【CSS 布局背景】及【CSS 布局框模型】选项，当鼠标指针移动到布局块上时，可以查看显示有选定 CSS 布局块属性的工具提示。

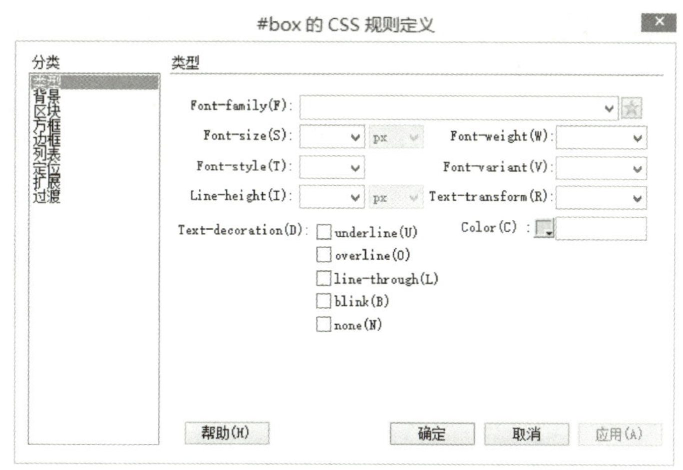

图 6-8　【CSS 规则定义】页面

【CSS 布局外框】：显示页面上所有 CSS 布局块的外框。

【CSS 布局背景】：显示各个 CSS 布局块的临时指定背景颜色，并且隐藏会出现在页面上的任何其他背景颜色或图像。每次启用可视化助理查看 CSS 布局块背景时，都会自动为每个 CSS 布局块分配一种不同的背景颜色，指定的颜色在视觉上与众不同，可帮助用户区分不同的 CSS 布局块。

【CSS 布局框模型】：显示所选 CSS 布局块的框模型（即填充和边距）。

需要查看 CSS 布局块外框，选择【查看】→【可视化助理】→【CSS 布局外框】命令即可。

需要查看 CSS 布局块背景，选择【查看】→【可视化助理】→【CSS 布局背景】命令即可。

需要查看 CSS 布局块框模型，选择【查看】→【可视化助理】→【CSS 布局框模型】命令即可。

通过单击【文档】工具栏上的【可视化助理】按钮，也可以使用 CSS 布局块可视化助理选项。

第五节　常用 CSS 版式布局

一、一列布局

一列布局目前在网页布局应用中非常广泛，它的布局方式主要分为两类。

1. 网页内容水平居中

对一个 CSS 布局来说，如果想使图像在屏幕中水平居中，那么只需要定义 Div 的宽度，随后将水平空白边设置为“auto”。这样 ID 名为“box”的 Div 在页面中居中显示。

2. 网页内容垂直居中

首先需要定义容器的高度，将容器的 position 属性设置为“relative”，将 top 属性设置为“50%”，则容器的上边缘将被定位在页面中间。

若想改变容器上边缘垂直居中的版式，让容器的中间垂直居中，只需对容器的上边应用一个负值的空白边，高度等于容器高度的一半。则容器会向上移动，在屏幕中垂直居中。ID 名为“box”的 Div 在页面中垂直居中显示。

二、两列布局

在 Div CSS 布局中，两列布局是使用最多的布局方式，包括以下内容。

1. 两列固定宽度布局

两列固定宽度布局比较简单，为 Div 设置 CSS 样式，让左右两个 Div 在行中并排显示。而为了实现两列式布局，需使用 float 属性，以便两列固定宽度的布局能够完整地显示出来。

2. 两列百分比宽度自适应布局

自适应布局主要通过宽度的百分比值设置完成。因此在两列宽度自适应布局中也同样是对百分比宽度值进行设定。

3. 两列右列宽度自适应布局

在实际应用中，有时候需要左栏固定宽度，右栏根据浏览器窗口大小自动调整。在 CSS 中只需要设置左栏宽度，右栏不设置任何宽度值，并且右栏不浮动。两列右列宽度自适应经常在实际操作中用到，不仅右列，左列也可以自适应，设置方法相同。

4. 两列固定宽度居中布局

两列固定宽度居中布局可以使用 Div 的层叠顺序来完成，用一个居中的 Div 作为容器，将两列分栏的两个 Div 放入容器中，从而实现两列的居中显示。

三、三列布局

在 Div CSS 布局中，三列布局又可称为三列浮动中间列宽度自适应布局。三列浮动中间列宽度自适应布局是左栏固定宽度居左显示，右栏固定宽度居右显示，而中间栏则需要在左栏和右栏的中间显示，根据左右栏的间距自动适应。单纯使用 float 属性与百分比属性不能实现三列布局，需要绝对定位实现。绝对定位后的对象不需要考虑它在页面中的浮动关系，只需设置对象的 top、right、bottom 和 left 这 4 个方向即可，不需要再设定浮动方式，只需让它的左边和右边的边距永远保持 left 和 right 的宽度即可。

第六节　Div 标签应用实例

（1）新建一个空白 HTML 网页，如图 6-9 所示。

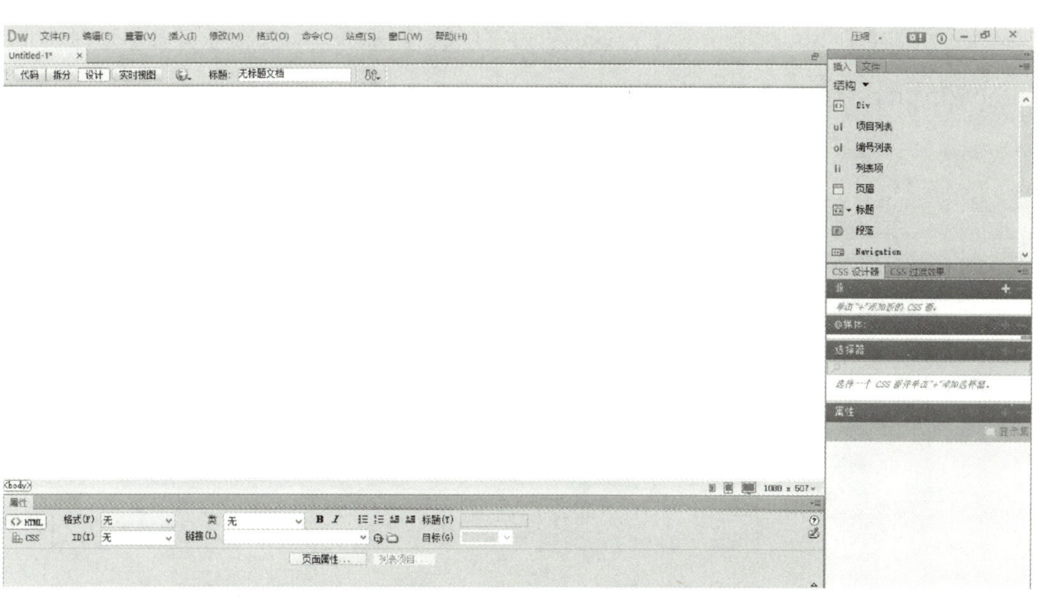

图 6-9　新建空白 HTML 网页

（2）单击【插入】选项卡中的【Div】按钮，打开【插入 Div】对话框。在 ID 文本框中输入“box”，如图 6-10 所示。

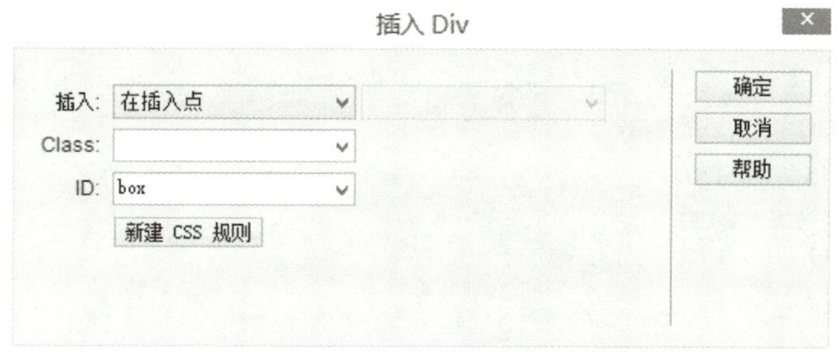

图 6-10　【插入 Div】对话框

（3）执行【新建 CSS 规则】→【新建 CSS 规则】命令，保持默认设置，单击【确定】按钮，如图 6-11 所示。

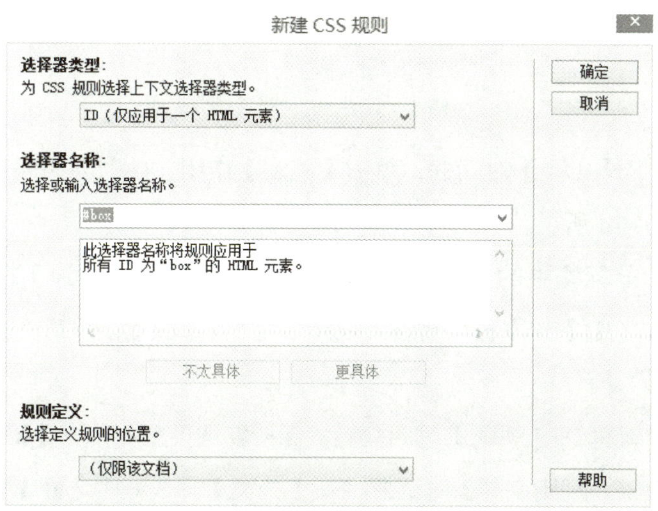

图 6-11　【新建 CSS 规则】对话框

（4）打开【CSS 规则定义】对话框，在【分类】选项卡中选择【背景】选项，选择【Background-color】的值为“#CCC”，如图 6-12 所示。

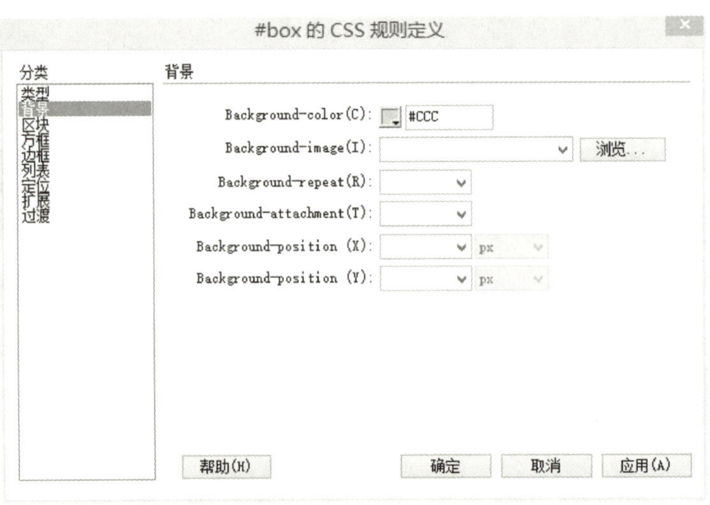

图 6-12 【背景】选项

（5）在【分类】列表框中选择【方框】选项，在对话框右侧的选项区域中设置【Width】和【Height】的值为“800”和“600”，单击【确定】按钮，如图 6-13 所示。

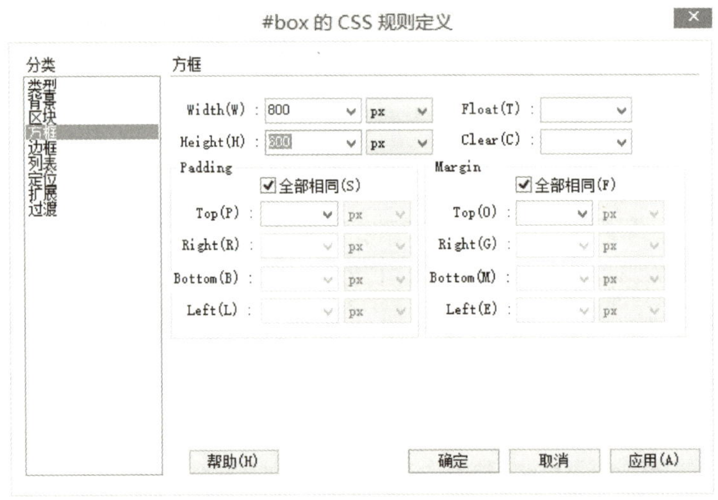

图 6-13 选择【方框】选项

（6）返回【插入 Div】对话框，单击【确定】按钮，此时会在网页中插入一个新的 Div 标签，如图 6-14 所示。

（7）删除 Div 标签中的文本，在【插入】面板中单击【Div】按钮，弹出【插入 Div】对话框，在【ID】文本框中输入“left”后，单击【新建 CSS 规则】按钮，如图 6-15 所示。

（8）打开【新建 CSS 规则】对话框后，保持默认设置，单击【确定】按钮。

（9）打开【CSS 规则定义】对话框，在【分类】列表框中选择【背景】选项，设置【Background-color】的值为“#666”，如图 6-16 所示。

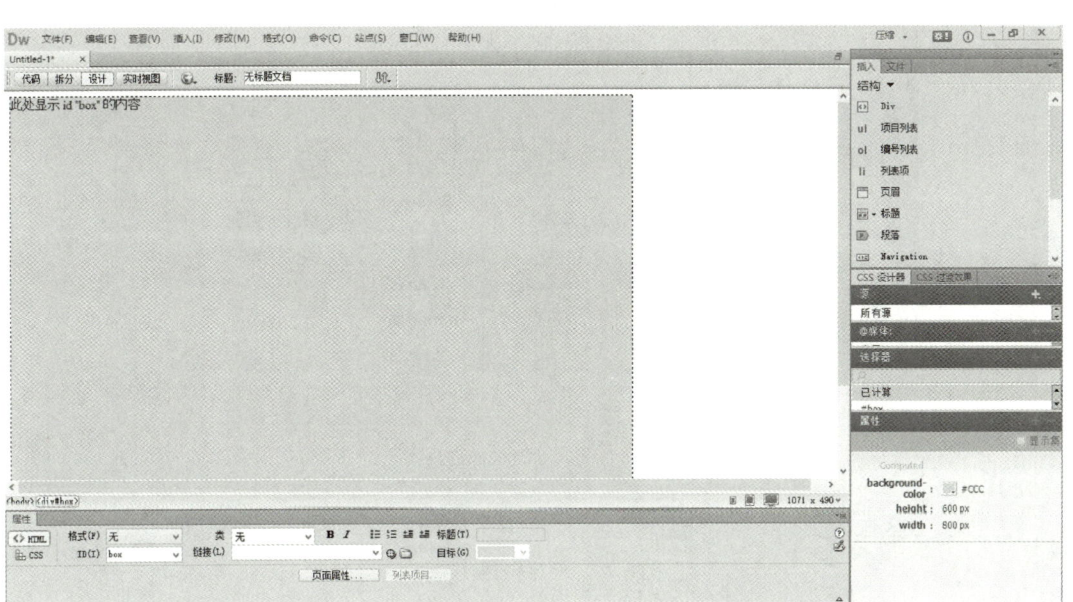

图 6-14　插入一个新的 Div 标签

插入 Div

插入：在插入点

Class：

ID：left

新建 CSS 规则

确定

取消

帮助

图 6-15　单击【新建 CSS 规则】按钮

#left 的 CSS 规则定义

分类：类型 背景 区块 方框 边框 列表 定位 扩展 过渡

背景

Background-color (C)：#666

Background-image (I)：　浏览...

Background-repeat (R)：

Background-attachment (T)：

Background-position (X)：　px

Background-position (Y)：　px

帮助 (H)　确定　取消　应用 (A)

图 6-16　选择【背景】选项

（10）在【分类】列表框中选择【方框】选项，在对话框右侧的选项区中设置【Width】的值为“200”，【Float】为“left”，【Height】为“590px”，【Clear】为“none”，如图 6-17 所示。

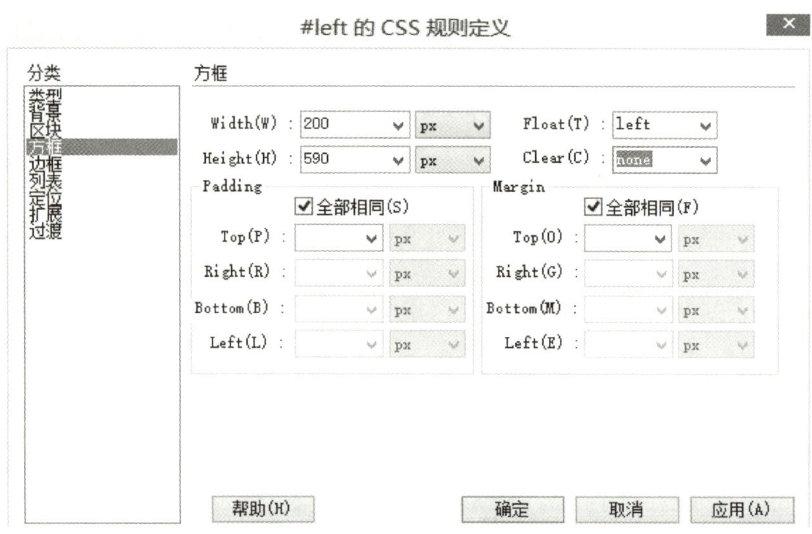

图 6-17　选择【方框】选项

（11）单击【确定】按钮，返回【插入 Div】对话框，并再次单击【确定】按钮，在页面中插入 left 的 Div 标签，如图 6-18 所示。

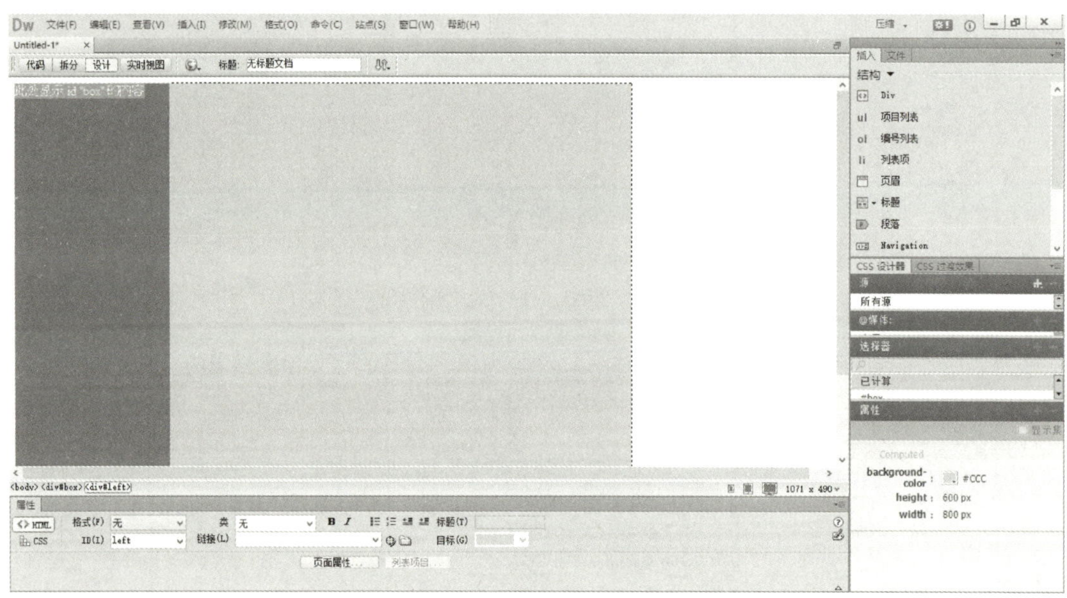

图 6-18　在页面中插入 left 的 Div 标签

（12）在【插入】面板中单击【Div】按钮，打开【插入 Div】对话框，在【ID】文本框中输入“right”后，单击【新建 CSS 规则】按钮，如图 6-19 所示。弹出【新建 CSS 规则】对话框，保持默认设置，单击【确定】按钮。

（13）打开【#right 的 CSS 规则定义】对话框，在【分类】列表框中选择【背景】选项，设置【Background-color】的值为“#999”，如图 6-20 所示。

（14）在【分类】列表框中选择【方框】选项，在对话框右侧的选项区域中设置【Width】的值为“580px”，【Float】为“right”，【Height】为“100%”，【Margin】为“5px”，如图 6-21 所示。

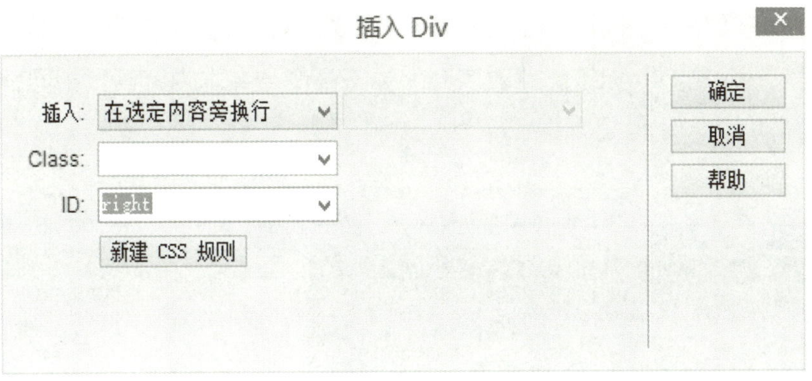

图 6-19 【插入 Div】对话框

图 6-20 在【分类】列表框中选择【背景】选项

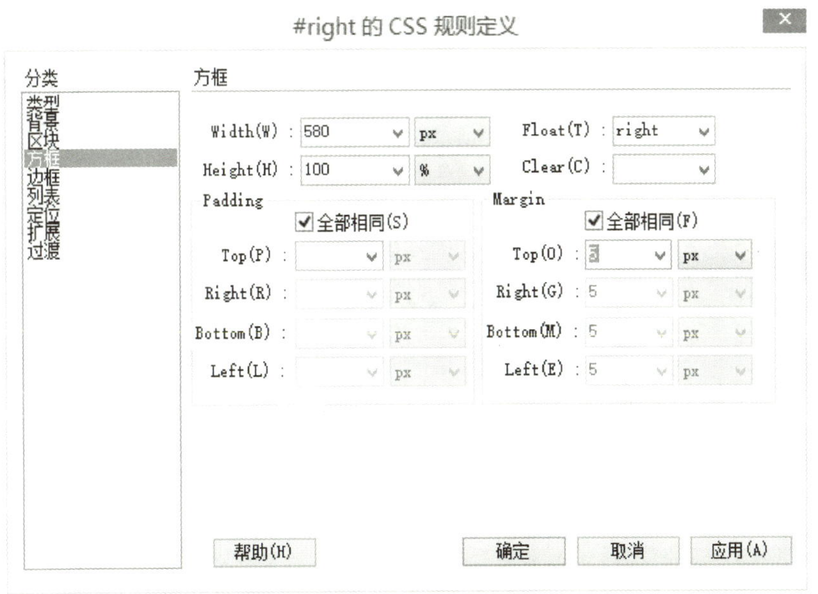

图 6-21 在【分类】列表框中选择【方框】选项

（15）单击【确定】按钮，返回【插入 Div】对话框，并再次单击【确定】按钮，在页面中插入 left 的 Div 标签。此时该 Div 标签高度与文本内容高度相同，如图 6-22 所示。

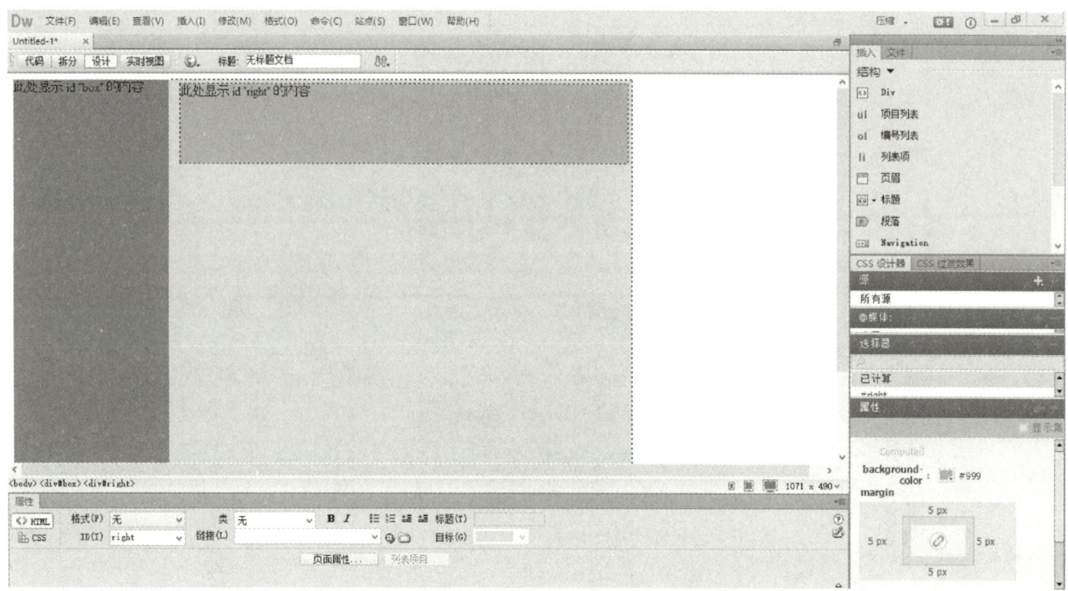

图 6-22　在页面中插入 left 的 Div 标签

（16）在名为 right 的 Div 标签中输入文本内容后，高度将被自动填充，如图 6-23 所示。

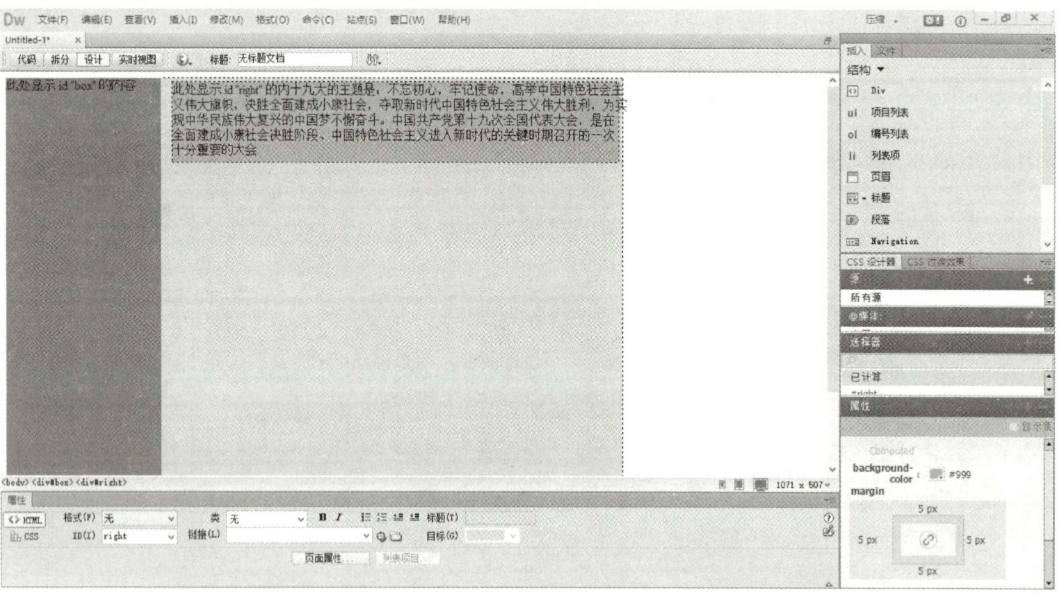

图 6-23　高度被自动填充

第七章

使用模板和库创建网页

第一节　使用模板

一般来说，在一个网站中会有成百上千的页面，大多数页面的布局是相同的，尤其是同一层次的页面，只有具体文字或图片内容不同。当我们将这样的网页定义为模板后，相同的部分都被锁定，只有一部分内容可以编辑，可以避免对无需改动部分的误操作。当需要创建新的网页时，只需要将模板调出，在可编辑区插入内容即可。当更新网页时，也只需在可编辑区更换新内容即可。

在对网站进行改版时，由于网站的页面非常多，如果分别修改每一页，工作量无疑非常大。但如果我们使用了模板，只要修改模板，则所有应用模板的页面都可以自动更新，如图 7–1 所示。

模板就是网页的样板，包含可编辑区和不可编辑区。不可编辑区的内容是不可以改变的，通常有标题栏、网页图标、框架结构、链接文字和导航栏等几部分。可编辑区的内容可以改变，通常为具体的文字和图像内容，比如每日新闻、最新软件介绍、趣谈、天气预报等。

在 Dreamweaver CC 中创建网页时，模板具有以下优点。

（1）整体网页风格一致，网站看起来比较系统，也省去了重复劳动的麻烦。

（2）如果要修改共同的页面元素，则不必逐个地修改，只要更改应用元素的模板就可以。

（3）避免覆盖重要文档。

一、创建模板

创建模板有两种形式，一种是直接创建空白模板，另一种是将当前网页保存为模板文件。

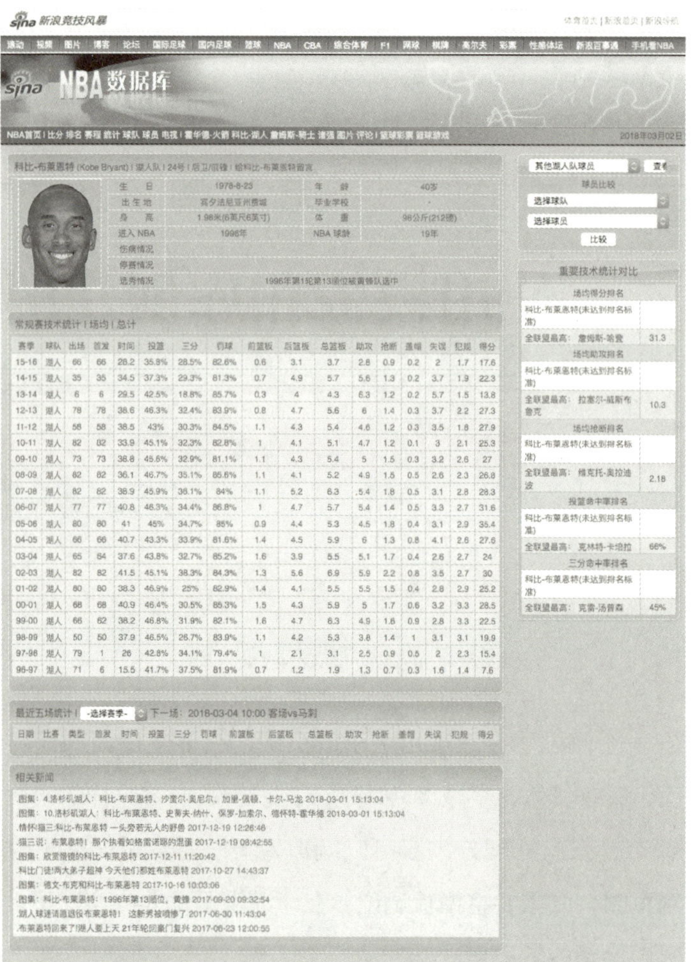

图 7-1　应用模板页面自动更新

二、创建空白模板

【示例 1】创建网页的空白模板。

（1）选择【窗口】→【资源】命令，打开【资源】面板。

（2）单击【资源】面板左侧的模板按钮，打开【模板】面板，如图 7-2 所示。

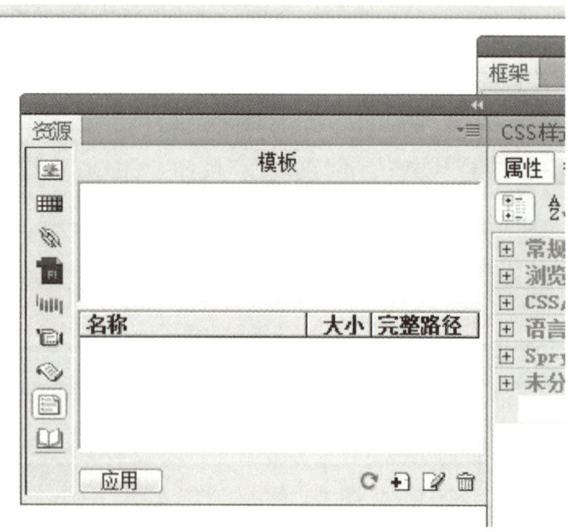

图 7-2　【模板】面板

（3）【模板】面板的空白区域被分割为两部分，上部分的区域为模板预览区，用于预览当前所选择的模板内容；下部分的区域为模板列表区，显示所有已经创建的模板。

（4）单击【模板】面板上右上角的下拉菜单，在弹出的下拉菜单中选择【新建模板】选项，或单击面板右下角的【新建模板】按钮，如图 7–3 所示。

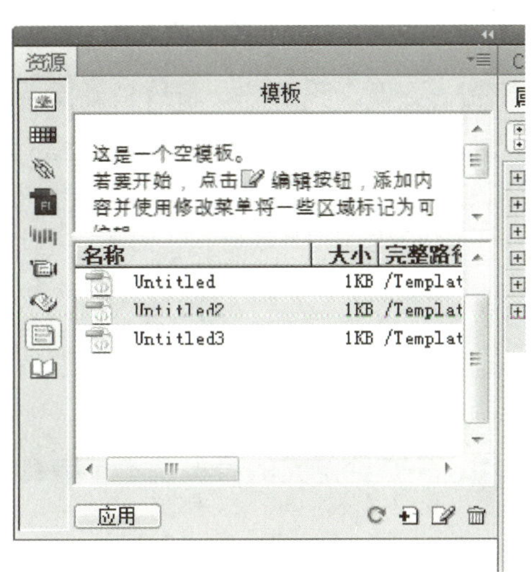

图 7–3　选择【新建模板】选项

（5）此时，【模板】面板下方即创建了一个无标题的空白模板。

（6）在【名称】上单击，使其处于可编辑状态，输入新模板名称，点击【Enter】键即可创建一个空白文档。

【示例 2】设置网页模板页面属性。

创建了一个模板后，可以设置其页面属性，操作步骤如下。

（1）打开模板文档。选择【修改】→【页面属性】命令，打开【页面属性】对话框，如图 7–4 所示。

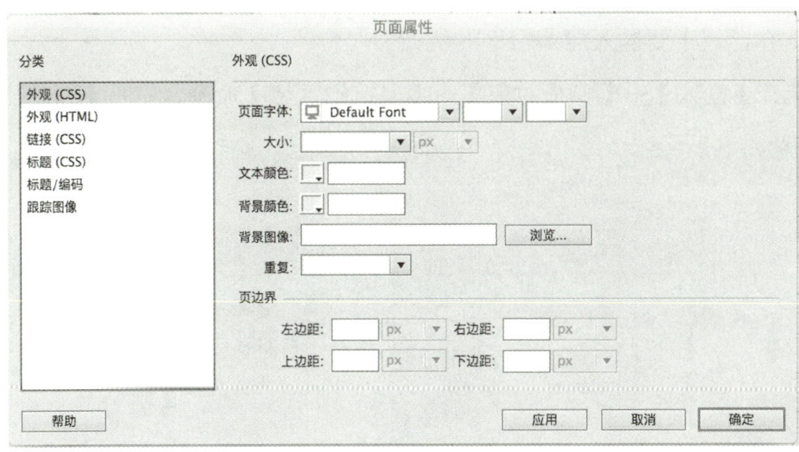

图 7–4　打开【页面属性】对话框

（2）设置模板文档页面属性的方法与设置普通网页文档属性的方法相同。

（3）设置完成后，单击【确定】按钮即可。

三、嵌套模板

嵌套模板其实就是基于另一个模板创建的模板。想要创建嵌套模板，首先要保存一个基础模板，然后用基础模板创建新的文档，再把该文档保存为嵌套模板。在这个新的嵌套模板中，可以对基础模板中定义的可编辑区作进一步的定义。

在一个整体站点中,利用嵌套模板可以让多个频道的风格一致,又在细节上有所不同,同时还有利于页面内容的控制、更新、和维护。修改基础模板将自动更新基于该基础模板创建的嵌套模板和基于该基础模板及其嵌套模板的所有网页文档。

第二节　设置模板

一、定义可编辑区域

在 Dreamweaver CC 中，一开始定义的模板是不可编辑的，需要在制作模板时进行设定才能进行编辑。

在一个模板中，可定义的区域分为 4 种，即可编辑区域、可选区域、重复区域和可编辑标记属性。其中，后 3 种区域在实际工作中并不经常使用。

可编辑区域：指用户可以进行编辑的区域。在模板中，可以把图像、文本、表格和层等任意元素设置为可编辑区域。要使模板生效，模板中应该至少包含一个可编辑区域，否则该模板的页面将无法编辑。

可编辑标记属性：使用户可以在模板中解锁标记属性，以该属性可以在基于模板的页面中编辑。

【示例 3】设定模板的可编辑区域。

操作步骤如下。

（1）将光标置于要插入可编辑区的位置。

（2）选择【插入】→【模板对象】→【可编辑区域】命令，打开【新建可编辑区域】对话框，如图 7-5 所示。

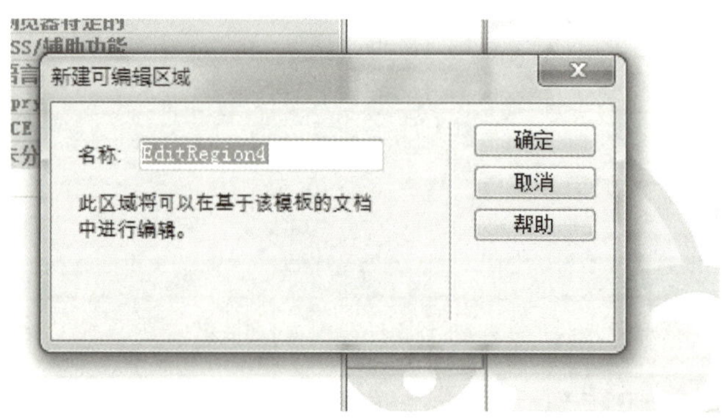

图 7-5　打开【新建可编辑区域】对话框

（3）在【名称】文本框中输入有关可编辑区域的说明内容。

（4）设置完成后，单击【确定】按钮，即可将选择的区域设为可编辑区域，如图7-6 所示。

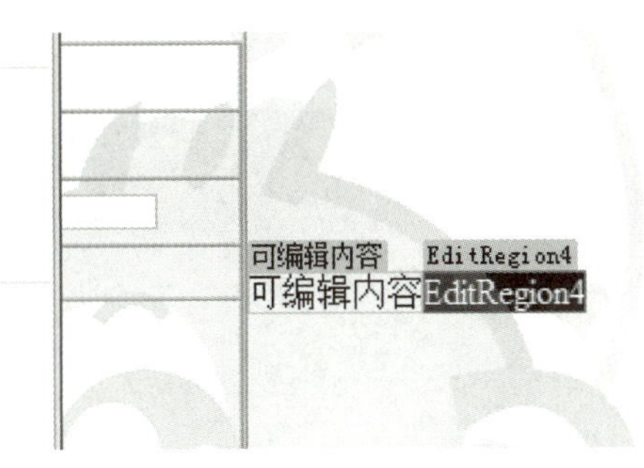

图 7-6　可编辑区域

（5）创建可编辑区域后，状态栏上将出现标签项，如图 7-7 所示。在标签项上单击可编辑区域，并点击【Delete】键可以删除可编辑区域。另外，选择【修改】→【模板】→【删除模板标记】命令也可删除可编辑区域。

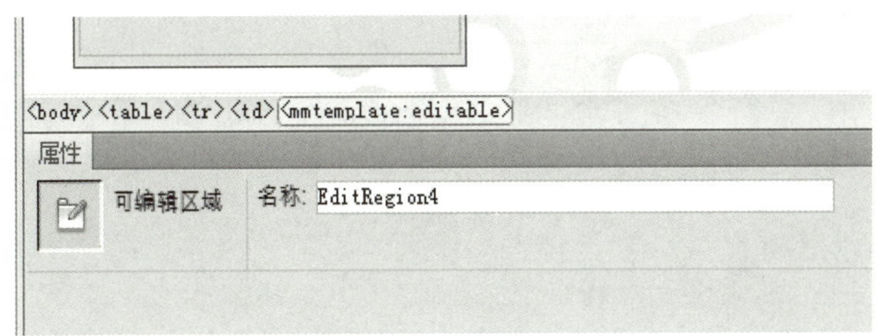

图 7-7　标签项

二、定义可选区域

可选区域用来保存有可能在基于模板的文档中出现的内容，如文本或图像。可选区域由设计者在模板中定义，应用时则通常由内容编辑器控制内容是否显示。

【示例 4】定义模板的可选区域。

操作步骤如下。

（1）选中需要设置为可选区域的页面元素并执行【插入】→【模板】→【可选区域】命令。

（2）在弹出的【新建可选区域】对话框中有【基本】和【高级】两个选项卡，在【基本】选项卡中可以设定可选区域的名称，勾选【默认显示】选项可以使可选区域在默认状态显示设定名称，如图 7-8 所示。

（3）【高级】选项卡中，选中【使用参数】按钮，并在其后的下拉框中选择已经创建的模板参数名称，如图 7-9 所示。

（4）单击【确定】按钮，完成可选区域的创建。

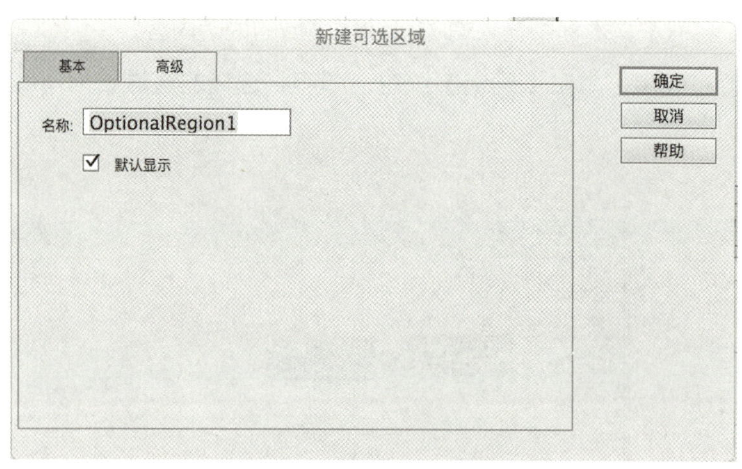

图 7-8 【新建可选区域】对话框

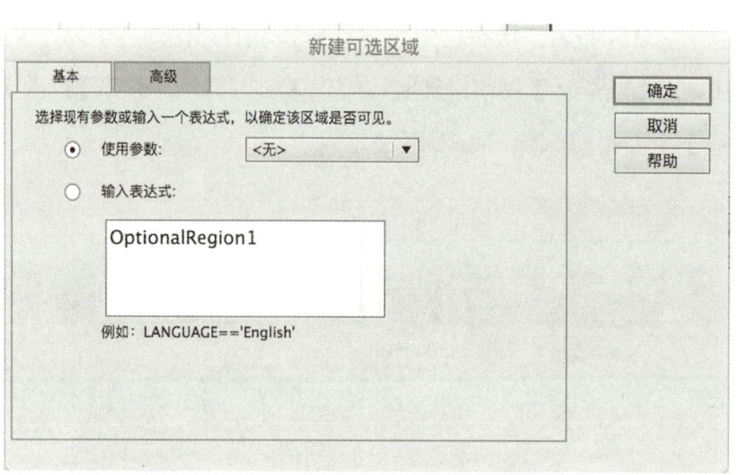

图 7-9 【高级】选项卡

三、定义重复区域

重复区域包括重复区域和重复表格两个定义对象。用户使用重复区域时可在模板中复制任意次数的指定区域，使用重复表格时可创建包含重复行的表格格式的可编辑区域，此外，也可以定义表格属性并设置表格单元格可编辑。

【示例 5】定义模板的重复区域。

操作步骤如下。

（1）打开所需模板文件后，将鼠标插入模板中需要插入重复区域的位置。选择【插入】→【模板】→【重复区域】命令，如图 7-10 所示。

（2）在打开的【新建重复区域】对话框的【名称】文本框中输入重复区域的名称，然后单击【确定】按钮。此时，就将在模板中创建一个重复区域，如图 7-11 所示。

四、定义重复表格

重复区域通常用于表格中，包括表格中可编辑的重复区域，通过它可以定义表格的可编辑单元。

图 7-10　模板重复区域定义

图 7-11　创建一个重复区域

【示例 6】定义模板的重复表格。

操作步骤如下。

（1）打开所需模板文件，将鼠标光标插入模板中需要重复表格的位置，并在【插入】面板的【模板】选项中单击【重复表格】按钮。

（2）在打开的【插入重复表格】对话框中设置重复表格的具体参数后，单击【确定】按钮即可，如图 7-12 所示。

【插入重复表格】对话框参数含义如下。

【行数】：用于插入表格的行数。

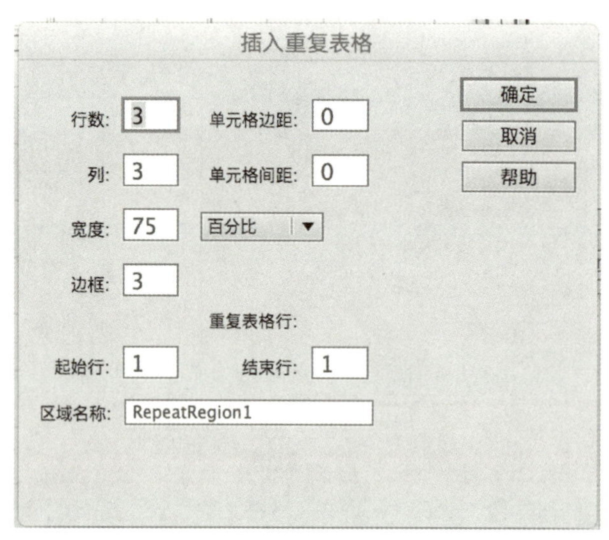

图 7-12　设置重复表格参数

【列】：用于插入表格的列数。

【单元格边框】：用于设置表格的单元格边框。

【单元格间距】：用于设置表格的单元格间距。

【宽度】：用于设置表格的宽度。

【边框】：用于设置表格的边框宽度。

【起始行】：输入可重复行的起始行。

【结束行】：输入可重复行的结束行。

【区域名称】：输入重复表格的名称。

第三节　管理模板

一、创建基于模板的网页

操作步骤如下。

（1）在 Dreamweaver CC 中打开一个网页文档，通过【从模板新建】对话框来应用模板，可以选择已经创建好的任意一个站点模板来创建新的网页。

（2）单击【创建】按钮，即可显示如图 7-13 所示的网页，在网页中修改可选区域内容来编辑自定义的网页。

二、更新模板和基于模板的网页

当模板中某些共用部分不合适的时候，用户可以对模板进行修改。模板修改并进行保存时，将会打开【更新模板文件】对话框，提示是否更新站点中该模板创建的网页。在该对话框中单击【更新】按钮，即可通过该模板创建的所有网页。若单击【不更新】按钮则会保存该模板而不更新模板网页。

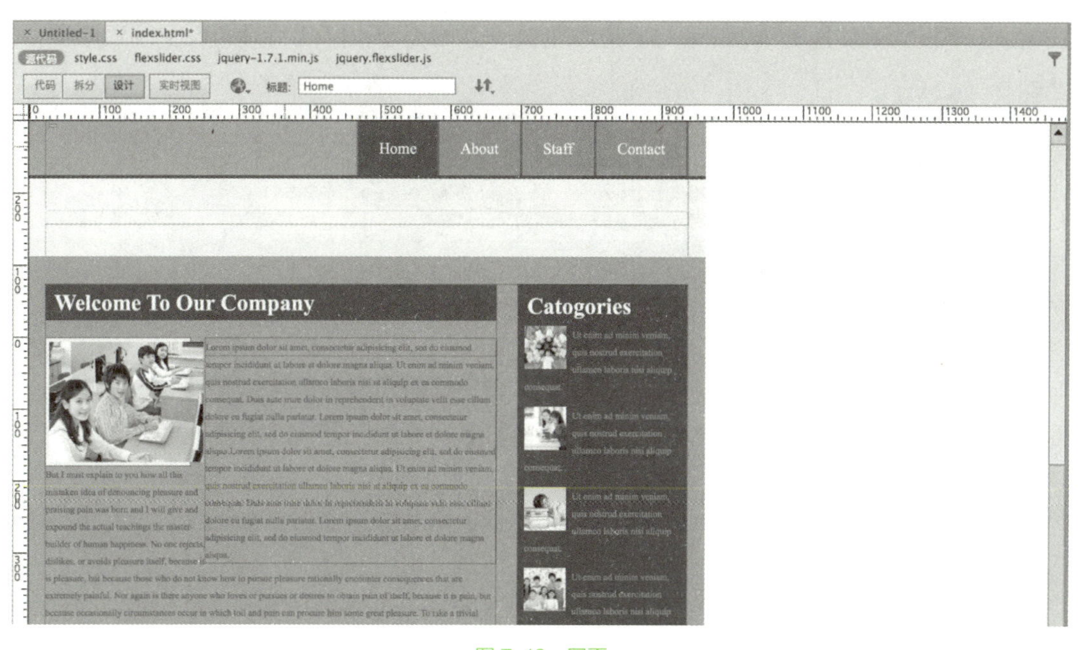

图 7-13 网页

三、删除页面中使用的模板

如果用户不再需要站点中的某个模板，可以将其删除，具体方法如下：

（1）在【文件】面板中选择要删除的模板文件，然后点击【Delete】键；

（2）在弹出的对话框中选择【是】选项即可。

第四节 创建与应用库项目

一、认识库项目

如果说应用模板是为了避免重复创建网页的框架，那么应用库项目就是为了避免重复输入网页中的内容。所谓库项目，实际上就是文档中的某些内容的组合，例如版权的声明、邮箱、地址和电话等。在 Dreamweaver CC 中，可以将文档中的任意内容存储为库项目，在网页中定义了库项目后，它就可以在其他网页的任意位置被调用。库项目还可以包含行为，但对于编辑库项目中的行为有特殊要求，请参见编辑库项目中的行为。库项目不能包含时间轴和样式表，因为这些元素的代码属于 head 部分。

二、创建库项目

在 Dreamweaver CC 中，库项目可以是文本、表格、表单等任意元素。

【示例 7】在 Dreamweaver CC 中创建库项目。

操作步骤如下。

（1）在网页中选定要创建成库项目的元素。

（2）选择【修改】→【库】→【增加对象到库】命令，或者【资源】面板中单击【库】

按钮，打开设置库属性的界面。单击【新建库项目】按钮，即可在【库】面板中创建库项目，如图 7–14 所示。

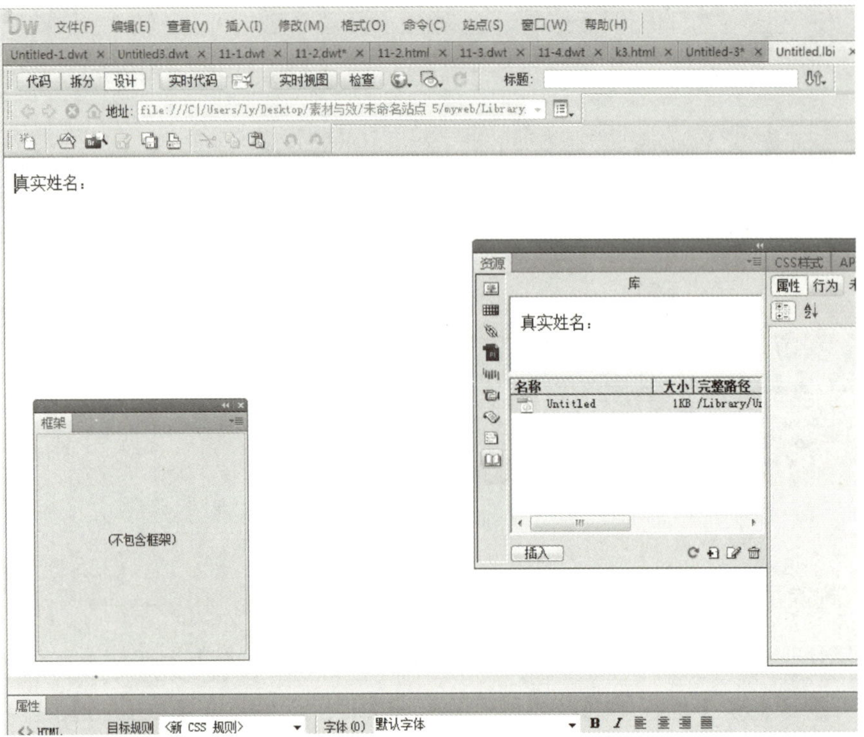

图 7–14　新建库项目

（3）在【名称】列下输入库项目的名称，点击【Enter】键即可。

（4）对图像、文本类元素：可在【资源】面板中单击【库】按钮，然后将希望保存为库项目的对象拖入【资源】面板来创建库项目，如图 7–15 所示。

图 7–15　创建库项目

每个库项目都被单独保存在一个文件中，文件的扩展名为“lbi”，通常情况下，库项目被放置在站点文件夹的“Library”文件夹中。同模板文件一样，库项目的位置也是不能随便移动的。

（5）应用库项目的两种方法。

①从【资源】面板的库窗格中将其拖入到文档的适当位置即可。

②在定位插入点后，选中库中的项目并单击【资源】面板底部的【插入】按钮，将库项目插入到文档中，如图 7–16 所示。

图 7-16　将库项目插入到文档中

（6）普通对象与库项目的区别。

对于普通对象，我们在单击选中该对象后，对象四周会出现一组控制点。但是，如果单击库项目，该对象将变成半透明，如图 7-17 所示。可以据此判定该对象是否是库项目。

图 7-17　普通对象与库项目的区别

（7）在文档窗口中单击选中库项目后，属性检查器中将显示库项目的各项属性，如图 7-18 所示。

图 7-18　库项目的各项属性

【Src】：显示库项目源文件的名称和在站点中的存放位置。

【打开】：单击【打开】按钮可对库项目源文件进行编辑。

【从源文件中分离】：断开所选库项目于其源文件之间的链接，使库项目成为普通对象。

【重新创建】：用当前选定内容改写原库项目，使用此选项可以在丢失或意外删除原始库项目时重新创建库项目。

三、修改库项目

【示例 8】在 Dreamweaver CC 中重新命名库项目。

操作步骤如下。

（1）在【库】面板上选择要重命名的库项目。

（2）执行下列操作之一，输入新名称即可。

①单击鼠标右键，在弹出的快捷菜单中选择【重命名】命令，如图 7–19 所示。

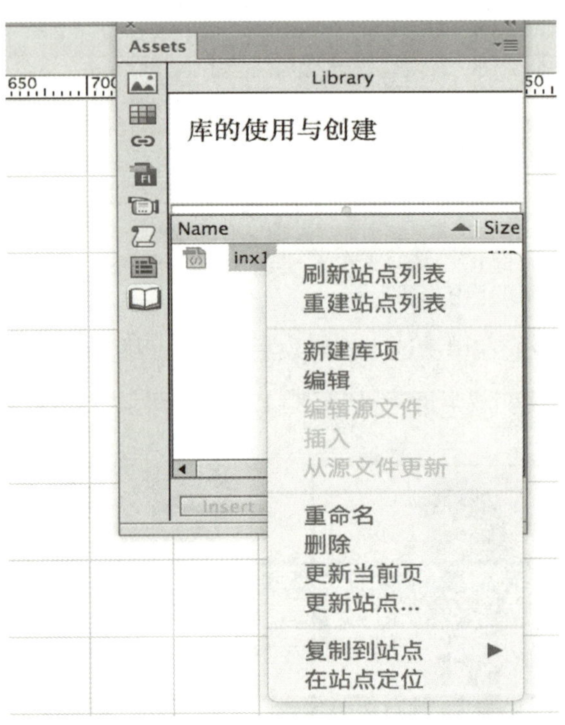

图 7–19　选择【重命名】命令

②单击【库】面板右上角的下拉按钮，从中选择【重命名】命令，如图 7–20 所示。单击库项目，库项目可变成可编辑状态。

【示例 9】在 Dreamweaver CC 中删除库项目。

操作步骤如下。

（1）在【库】面板上选择要删除的库项目，如图 7–21 所示。

（2）单击面板右下角的 删除按钮图标。

【示例 10】在 Dreamweaver CC 中分离库项目与源文件。

有时候我们在使用库的时候，会需要库成为普通对象，就需要进行库项目和源文件分离。

（1）选中要与文档分离的库项目。

（2）选择菜单栏中的【窗口】→【属性】命令，打开下方【属性】面板，如图 7–22 所示。

（3）在【属性】面板中选择【从源文件中分离】一项，将会弹出警告信息对话框。

图 7-20　选择【重命名】命令

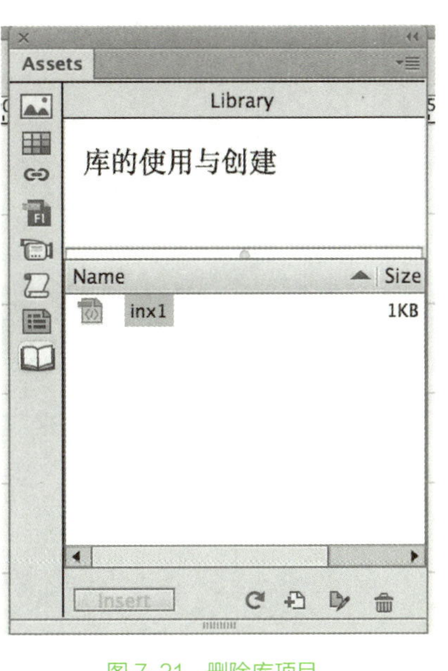

图 7-21　删除库项目

图 7-22　【属性】面板

四、更新库项目

【示例 11】在 Dreamweaver CC 中更新库项目。

操作步骤如下。

（1）选择【修改】→【库】→【更新页面】命令，弹出【更新页面】对话框，如图 7-23 所示。

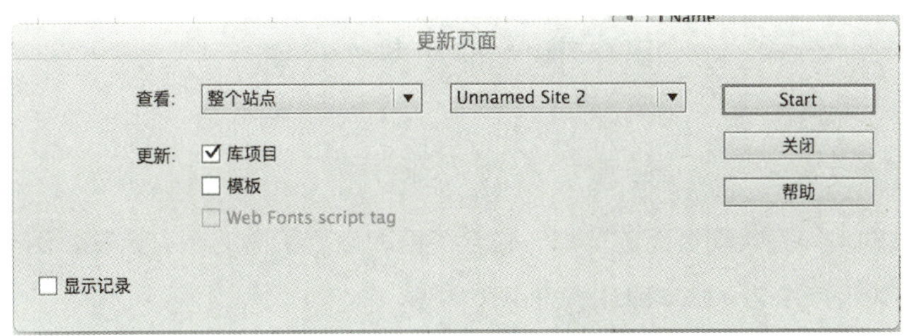

图 7-23　【更新页面】对话框

①在【查看】下拉列表中选择需要的选项。

②选择【库项目】复选框，可以更新站点中的所有库项目。

③选择【模板】复选框，可以更新站点中的所有模板。

（2）设置完成后，单击【开始】按钮即可更新库项目。

第八章

在网页中创建表单

第一节　表单概述

表单是实现动态网页的一种主要的外在形式，利用表单我们可以收集浏览者的信息或实现搜索等功能。表单信息的处理过程如下：单击表单中的提交按钮时，在表单中输入的信息就会被提交到服务器中，服务器的相关应用程序会处理提交信息；将处理结果或用户提交的信息储存在服务器端的数据库中，或者是将有关信息返回到客户端的浏览器上。

完整的实现表单功能，需要设计两个方面：一方面是用于描述表单对象的 HTML 源代码；另一方面是客户端的脚本，或者服务器端用于处理所填写信息的程序。

第二节　插入表单对象

一、插入文本域

文本域的功能是收集页面的信息，包含了获取信息所需的所有选项。例如，在会员登录中需要输入用户名文本字段和登录口令字段。

插入文本域时所使用的部分代码如下。

```
<label> 我们的数据
<input type=" 类型 " name=" 文本域 " id=" 标识 " >
</label>
```

其中，“type”指文本域内的数据类型；“name”指文本域的名字；“id”指文本域的标识。

文本域接受任何类型的字母数字文本输入内容。文本可以单行或多行显示，也可以以密码域的方式显示。在这种情况下，输入文本将被替换为星号或项目符号，以避免其他人看到这些文本。

【示例 1】插入文本域。

操作步骤如下。

（1）新建一个 HTML 空白页，在菜单栏中选择【插入】→【表单】→【文本域】命令，如图 8-1 所示。

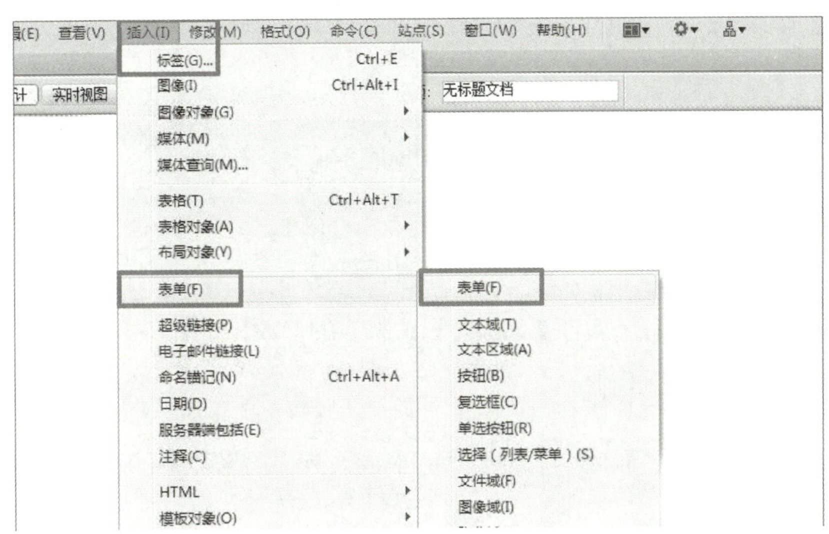

图 8-1　选择【文本域】命令

（2）在弹出的【输入标签辅助功能属性】对话框中输入【ID】和【标签】文本框的内容，如图 8-2 所示。效果如图 8-3 所示。

输入标签辅助功能属性

ID：

标签：

样式：使用"for"属性附加标签标记

用标签标记环绕

无标签标记

位置：在表单项前

在表单项后

访问键：　Tab 键索引：

确定

取消

帮助

如果在插入对象时不想输入此信息，请更改"辅助功能"首选参数。

图 8-2　【ID】和【标签】文本框输入

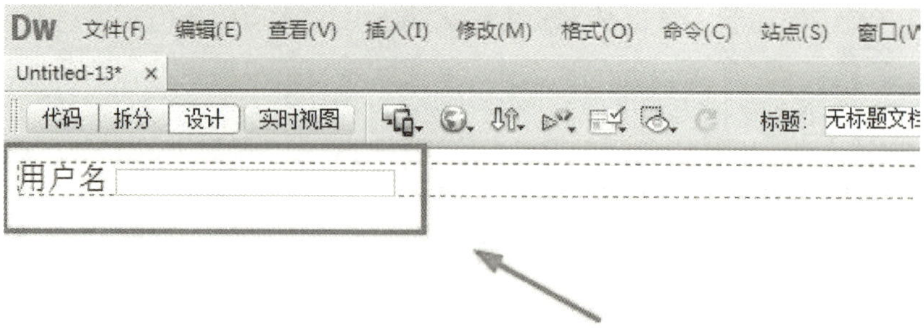

图 8-3　效果

（3）选中表单，在【属性】面板上设置图 8-4 中的参数。

图 8-4　选中表单

（4）选中文本域，在【属性】面板中设置相应的参数，如图 8-5 所示。点击【F12】键，预览效果如图 8-6 所示。

图 8-5　选中文本域

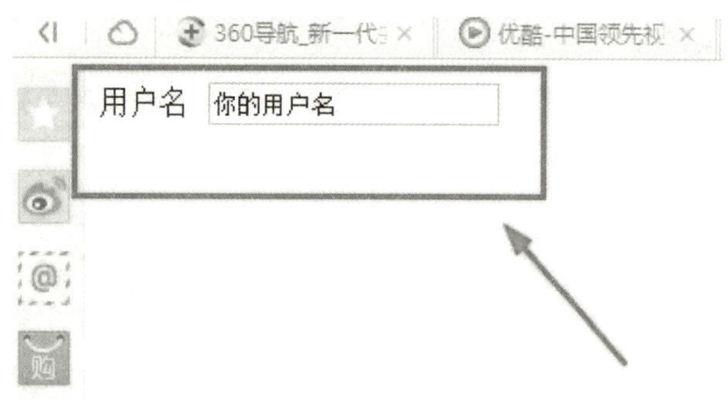

图 8-6　预览效果

二、插入密码域

在表单中还有一种文本字段的形式——密码域（password），输入到其中的文字均以星号“*”或圆点“·”显示。插入密码域时采用的代码可写成如下形式。

<input name=" 密码域的名称 " type="password" value=" 密码域的默认取值 " size" 密码域的长度 " maxlength" 最多字符数 "/>

在该语法中包含了很多参数，它们的含义和取值方法不同，见表 8-1。

表 8-1 密码域的参数值

参数类型	含 义
name	密码域的名称，用于和页面中其他控件加以区别。名称由英文、数字以及下画线组成，有大小写之分
type	指定插入表单对象类别
value	用来定义密码域的默认值，以“*”或“·”显示
size	确定密码域在页面中显示的长度，以字符为单位
maxlength	设置密码域中最多可以输入的文字数

【示例 2】插入密码域。

操作步骤如下。

（1）新建一个 HTML 网站，如图 8-7 所示。

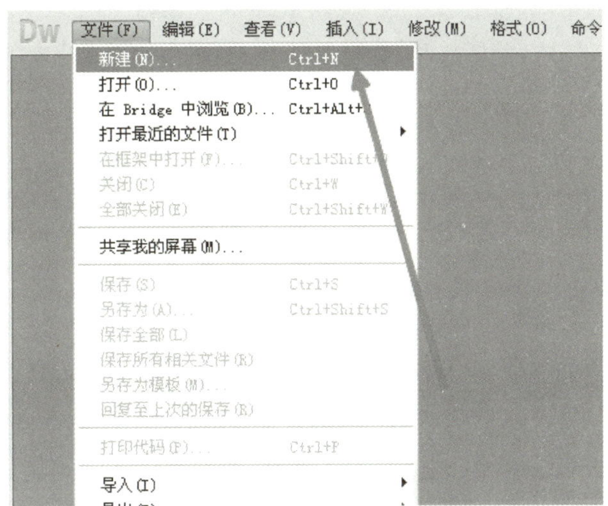

图 8-7 新建 HTML 网站

（2）执行【插入】→【表单】→【文本域】命令，如图 8-8 所示。

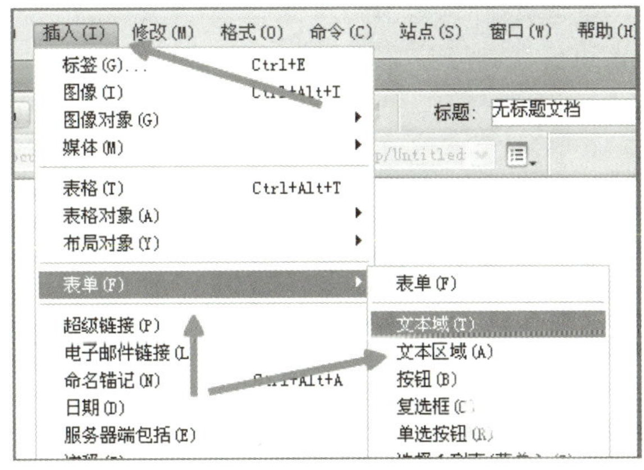

图 8-8 执行【插入】→【表单】→【文本域】命令

（3）弹出【输入标签辅助功能属性】对话框后，在【ID】文本框内输入

“password”，如图 8–9 所示。【标签】文本框内即为应输入的密码，点击【确定】按钮。

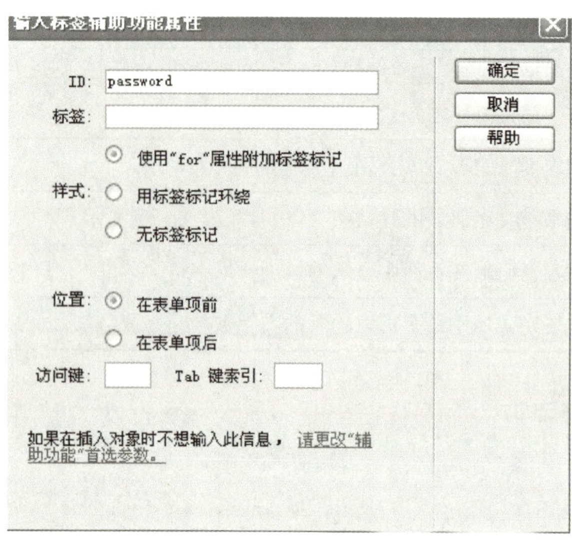

图 8–9　输入【ID】

（4）选中方框，然后点击密码，将属性改成密码，再单击【保存】按钮，输任意值（即密码），如图 8–10、图 8–11 所示。

图 8–10　设定并保存密码属性

图 8–11　输任意值

三、插入文本区域

文本区域（text–area）即指一个多行的文本输入区域，用户可在此文本区域中输入文本，且文本数量不限。文本区域中的默认字体是等宽字体（fixed pitch）。

【示例 3】插入文本区域。

（1）点击【文件】工具栏的下拉菜单中的【新建】选项，如图 8–12 所示。

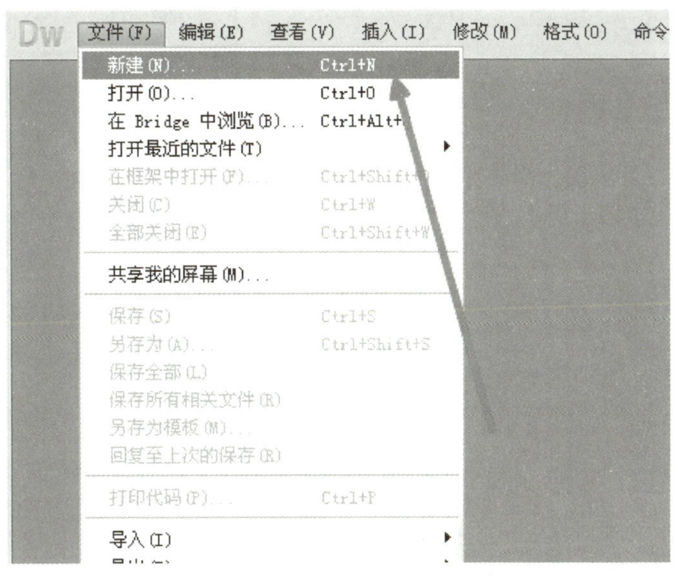

图 8–12　点击【文件】下拉菜单中的【新建】选项

（2）在【新建文档】对话框里选择【HTML】选项，然后点击【创建】按钮，如图 8–13 所示。

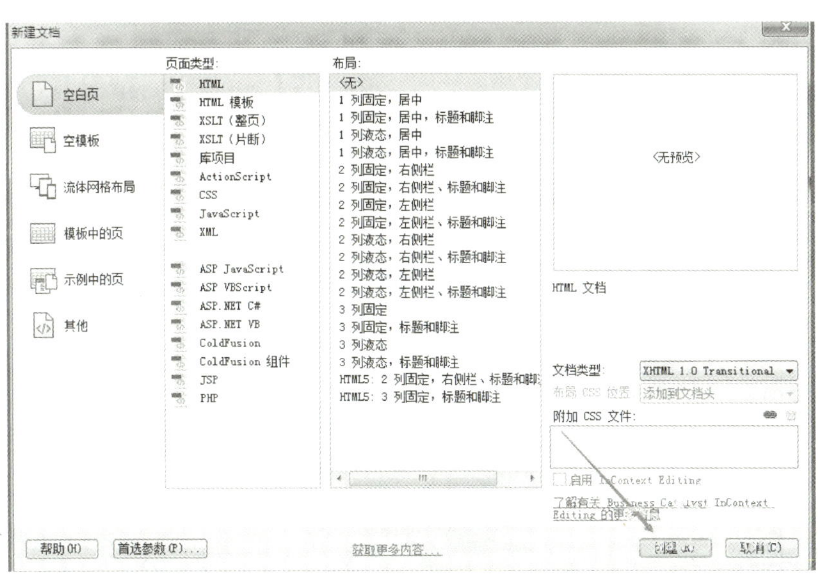

图 8–13　新建 HTML

（3）在右边的【插入】工具栏里找到【表单】选项，如图 8–14 所示。

（4）在【表单】菜单中点击【文本区域】选项，如图 8–15 所示。

（5）可以直接通过点击导航上的【插入】→【表单】→【文本区域】来添加，如图 8–16 所示。

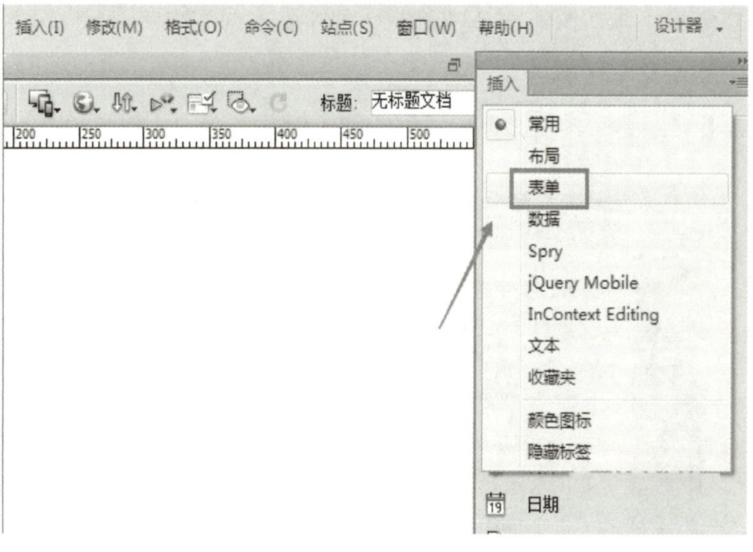

图 8-14　选择【表单】选项

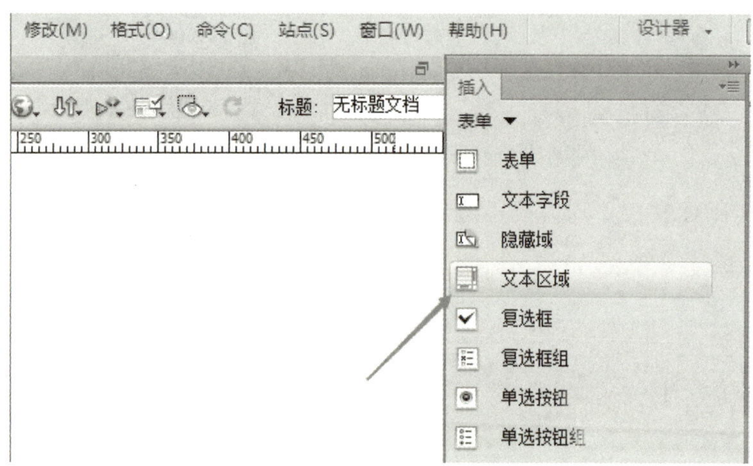

图 8-15　点击【文本区域】选项

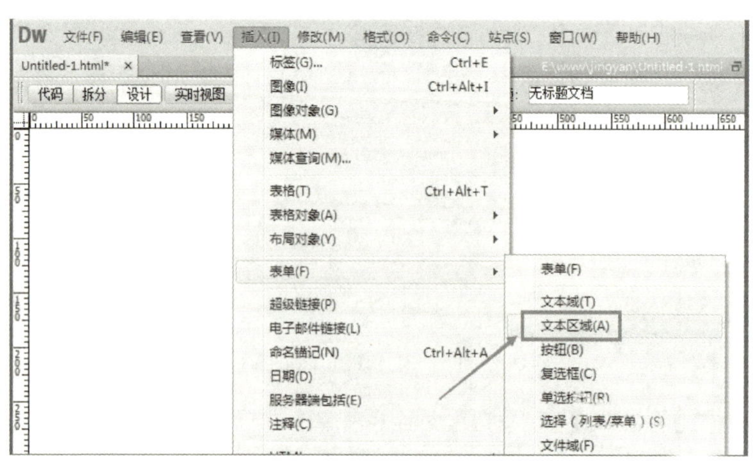

图 8-16　通过【插入】→【表单】→【文本区域】操作添加

（6）点击后，弹出【输入标签辅助功能属性】对话框，在【ID】文本框内输入相应内容和【标签】文本框内输入相应内容，然后点击【确定】按钮，如图 8-17 所示。

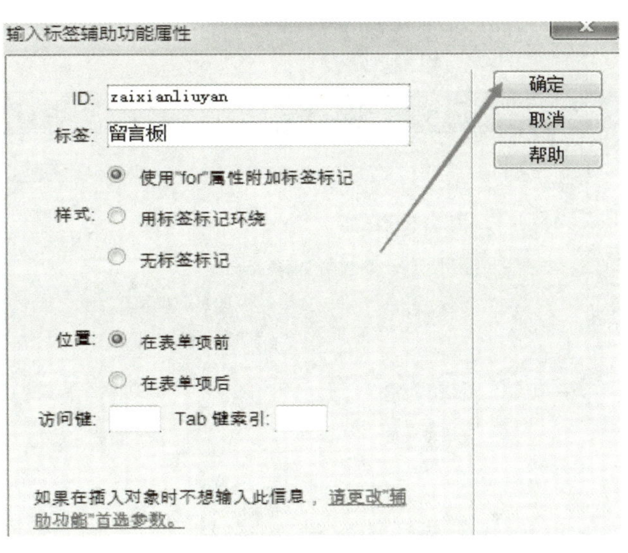

图 8–17　输入【ID】文本框和【标签】文本框内容

四、插入选择列表 / 菜单

列表和菜单可以将多个项目以特殊的方式罗列在网页上，以节省网页的空间。

◆列表

可以显示一定数量的选项，如果超出了这个数量，会自动出现滚动条，浏览者可以拖动滚动条来观看各选项。

◆菜单

这是一种最节省空间的罗列选项的方式，正常状态只能看到一个选项，单击按钮打开才能看到全部选项。

【示例 4】插入选择列表 / 菜单。

操作步骤如下。

（1）点击【插入】→【表单】→【列表 / 菜单】菜单项，如图 8–18 所示。

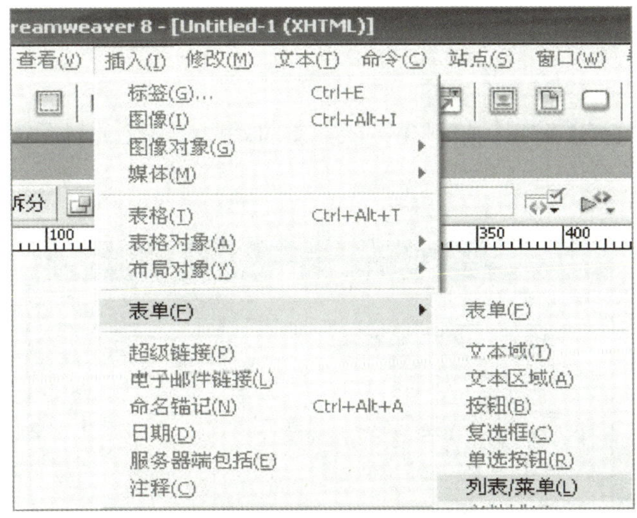

图 8–18　【列表 / 菜单】菜单项

（2）打开【输入标签辅助功能属性】对话框，如图 8–19 所示。

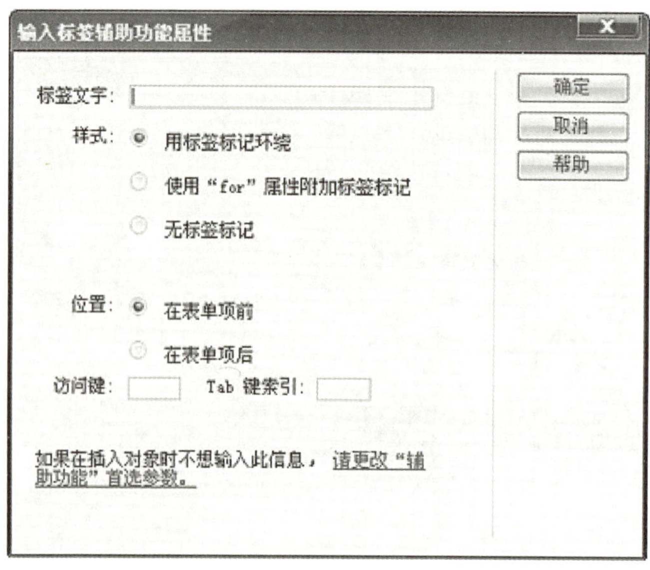

图 8–19　打开【输入标签辅助功能属性】对话框

（3）点击【确定】按钮，即可在表单中插入一个列表 / 菜单，如图 8–20 所示。

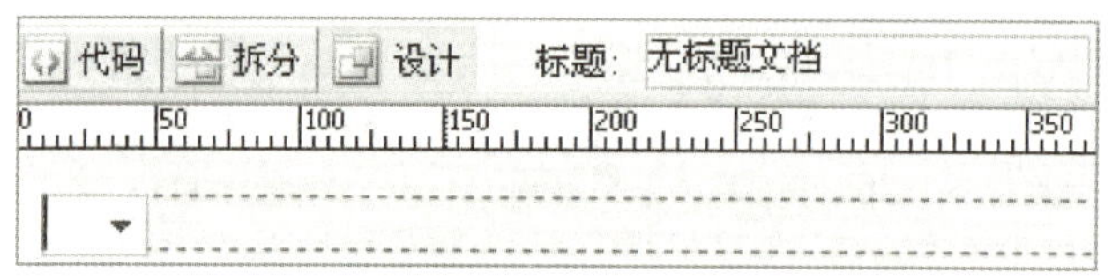

图 8–20　在表单中插入一个列表 / 菜单

（4）点击【列表 / 菜单】选项，在弹出的【属性】面板中设置列表 / 菜单的【名称】、【类型】、【初始化时选定】等几项，如图 8–21 所示。

图 8–21　设置列表 / 菜单

（5）点击【列表】按钮，打开【列表值】对话框，在【项目标签】列表中输入要添加的菜单项，如 "姓名"，如图 8–22 所示。

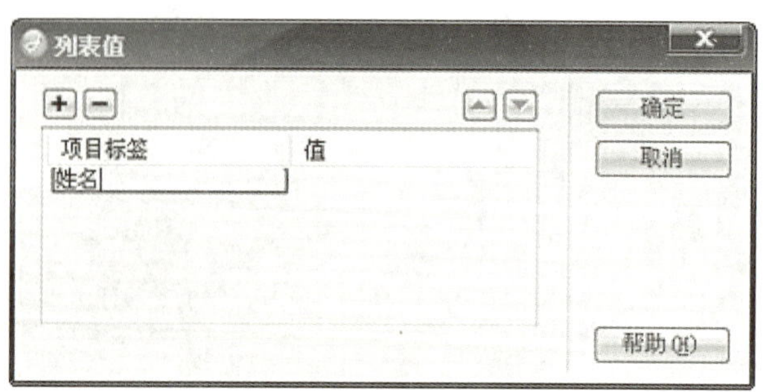

图 8–22　输入要添加的菜单项

（6）单击 [+] 添加菜单项，单击 [-] 删除选中的菜单项，单击 [▲][▼] 按钮排列菜单项。

（7）设置完成后单击【确定】按钮，设置的菜单项在【初始化时选定】文本框中显示，再单击需要的选项即可添加到菜单域中，如图 8–23 所示。

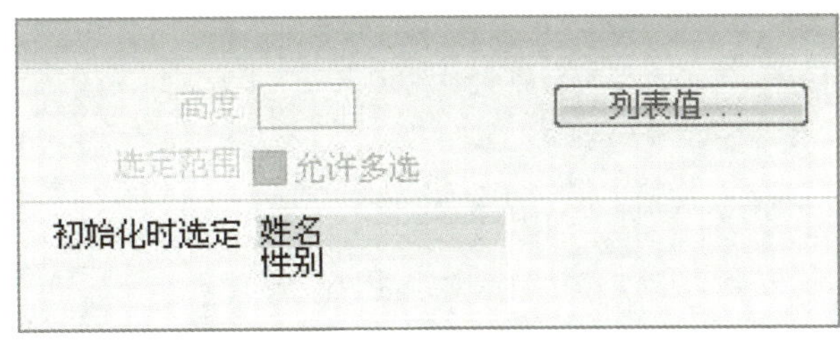

图 8–23 【初始化时选定】文本框

五、插入单选按钮和复选框

【单选按钮】：用于在多个选项中选择一个项目。

【复选框】（checkbox）：可以提供浏览者进行多项选择的选择框。

【示例 5】插入单选按钮和复选框。

操作步骤如下。

（1）按钮、单选按钮和复选框的插入都可以通过执行【插入】→【表单】→【按钮】/【复选框】/【单选按钮】命令来实现，如图 8–24 所示。

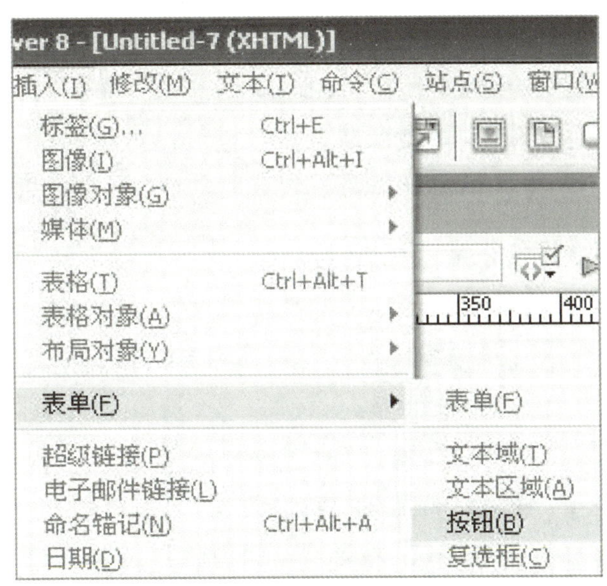

图 8–24 【按钮】/【复选框】/【单选按钮】

（2）弹出【输入标签辅助功能属性】对话框，点击【确定】按钮即可，如图 8–25 所示。

（3）选中插入的表单对象。

按钮的【属性】面板如图 8–26 所示。

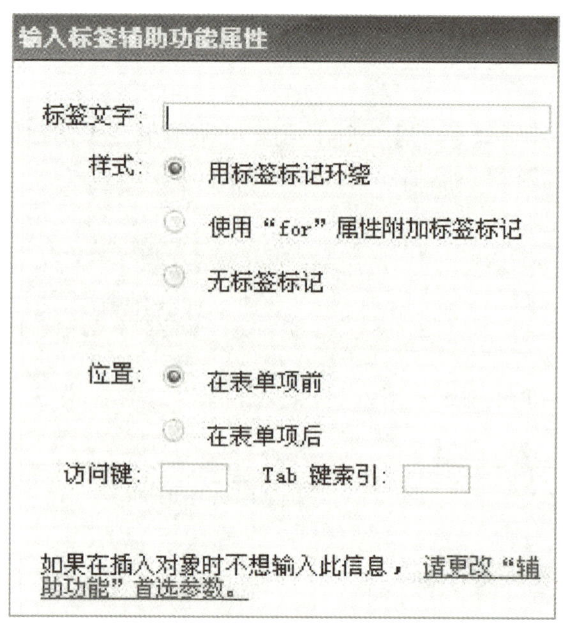

图 8-25 【输入标签辅助功能属性】对话框

图 8-26 按钮的【属性】面板

各属性面板中参数的含义如下。

①【按钮名称】：分配按钮的名称。【提交】和【重置】是两个保留名称，【提交】通知表单将表单数据提交给处理应用程序或脚本，【重置】将所有表单域重置为原始值。

②【值】：输入按钮上显示的文本。

③ 动作：确定单击该按钮时发生的操作。

复选框的【属性】面板如图 8-27 所示。

图 8-27 复选框的【属性】面板

①【复选框名称】：输入复选框的名称。

②【选定值】：输入复选框选中时的取值，该值会被传送给服务器端应用程序，但不会在表单域中显示。

③ 初始状态：设置加载到浏览器中时，复选框是否处于选中状态，有【已勾选】和【未选中】两个选项。

单选按钮的【属性】面板如图 8-28 所示。

①【单选按钮】：输入单选项的名称，该名称在表单域中必须唯一。

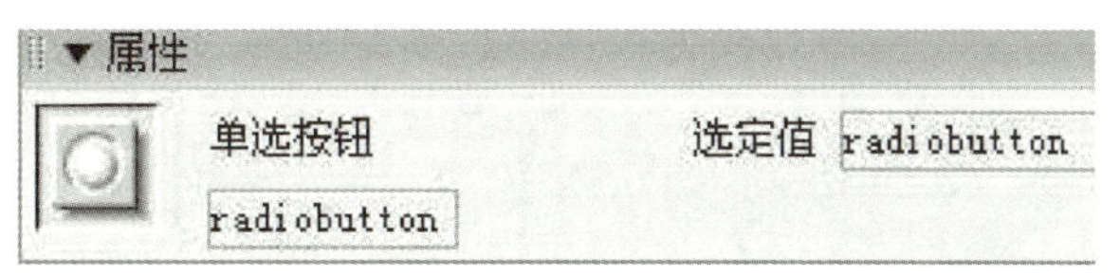

图 8-28 【单选按钮】的属性面板

②【选定值】：输入选中单选项时的取值，用于数据的提取。

③ 初始状态：设置加载到浏览器中首次载入表单时单选项的选中状态。

六、插入文件域

文件域是实现将文件从客户端提交到服务器（网站）的一种元素，其外观由一个文本框和一个浏览按钮构成。

如果需要将整个文件传送到服务器上，那么可以在表单中建立文件域来完成这个任务。若要使用文件域，表单的方式必须设置为 POST。访问者可以将文件上载到表单的 action 属性中所指定的 URL 地址。

【示例 6】插入文件域。

操作步骤如下。

（1）在文档中插入表单。

（2）在表单【属性】面板中将【方法】项选择为“POST”。

（3）在【编码类型】下拉列表中选择“multipart/form-data”。

（4）点击鼠标，将光标定位在表单框线内，点击【插入】菜单，选择【表单】项，在弹出的子菜单中选择【文件域】命令。或者在【插入】面板中选择【表单】项，点击【文件域】图标，如图 8-29 所示。

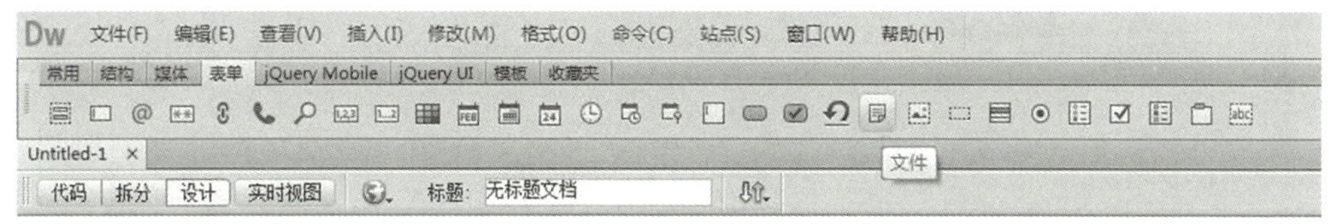

图 8-29 点击【文件域】图标

点击【窗口】菜单，选择【插入】项，可以打开【插入】面板。

（5）点击【文件域】图标后，弹出【输入标签辅助功能属性】对话框。

（6）单击【确定】按钮，文件域即出现在文档中，如图 8-30 所示。

（7）点击【文件域】，打开【文件域】属性面板，如图 8-31 所示。

①【文件域名称】：为该文件域对象输入一个名称。

②【字符宽度】：输入一个数值。

③【最多字符数】：输入一个数值。

提示：将光标定位到表单的红色虚线围成的框内，点击【Enter】键，可以添加多个文件域。

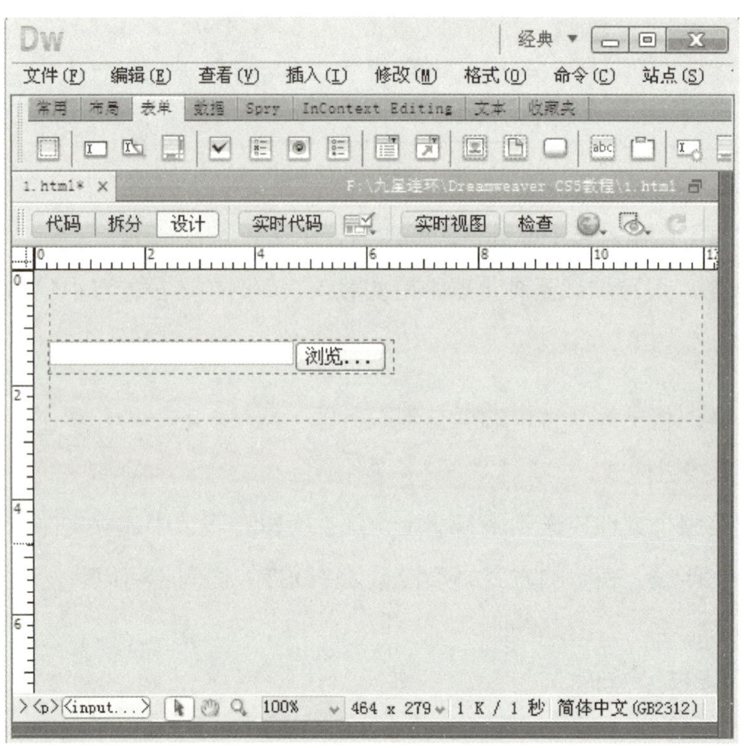

图 8-30　文件域出现在文档中

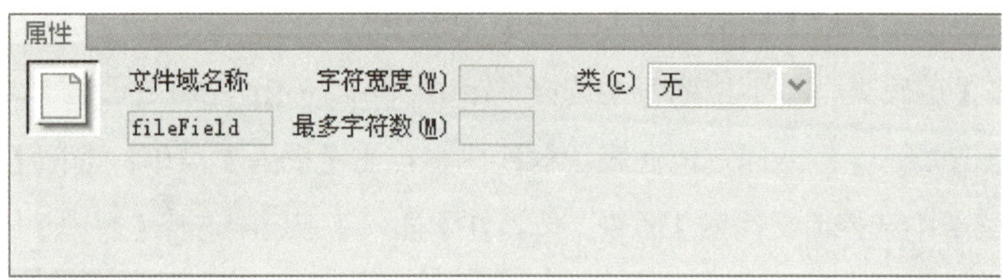

图 8-31　打开【文件域】属性面板

七、插入标签

定义一个文本区域（一个多行的文本输入区域），用户可在此文本区域中写文本，也可输入无限数量的文本。文本区中的默认字体是等宽字体（fixed pitch）。

八、插入按钮和图像按钮

按钮的作用如下。

（1）激发提交表单的动作（表单域的动作）。

（2）将表单恢复到初始状态。

使用默认的按钮形式往往让人觉得单调。网页可以使用插入图像按钮功能，创建和网页整体效果相统一的图像提交按钮。

【示例 7】插入按钮。

操作步骤如下。

（1）移动鼠标，将光标定位在表单框线内，点击【插入】菜单，选择【表单】项，在弹出的子菜单中选择【按钮】命令，或在【插入】面板中选择【表单】项，点击【按钮】图标，如图 8–32 所示。

图 8–32　【按钮】图标

（2）点击【按钮】图标后，弹出【输入标签辅助功能属性】对话框。

（3）单击【确定】按钮，表单按钮出现在文档中。

（4）在文档中点击按钮表单控件，如图 8–33 所示。

图 8–33　点击按钮表单控件

（5）打开按钮【属性】面板，如图 8–34 所示。

图 8–34　打开按钮【属性】面板

①【按钮名称】：为该按钮输入一个名称。

②【值】：输入需要在按钮上出现的文本。

③【动作】：选择【提交表单】，点击该按钮时提交表单以供处理（type="submit"）；选择【重设表单】时将重置表单（type="reset"）；选择【无】时将激活一个基于处理脚本的不同动作（type="button"）。

提示：在表单的【动作】文本框中指定脚本或页面来处理表单。将光标定位到表单的红色虚线围成的线框内，点击【Enter】键，可以添加多个表单按钮。

【示例 8】插入图形按钮。

操作步骤如下。

（1）点击鼠标，将光标定位在表单框线内，点击【插入】菜单，选择【表单】项，在弹出的子菜单中选择【图像域】命令，或在【插入】面板中选择【表单】项，点击【图像域】图标，如图 8–35 所示。

图 8-35 点击【图像域】图标

（2）点击【图像域】图标后，弹出【选择图像源文件】对话框，选择一个图片文件，再点击【确定】按钮。

（3）弹出【输入标签辅助功能属性】对话框，在对话框中设置后，单击【确定】按钮，图像按钮出现在文档中。

（4）在文档中点击【图像域】按钮，如图 8-36 所示。

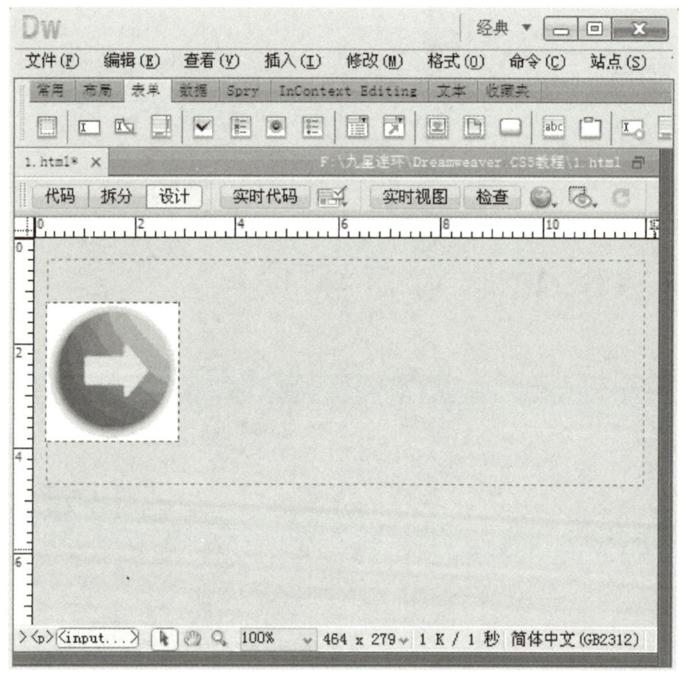

图 8-36 在文档中点击【图像域】按钮

（5）打开图片按钮【属性】面板，如图 8-37 所示。

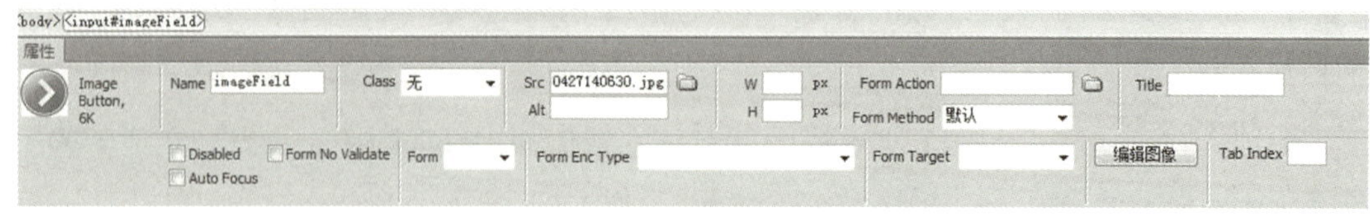

图 8-37 打开图片按钮【属性】面板

①【图像区域】：输入图像域的名称。

②【源文件】：在文本框中输入图像文件的地址，或者点击【文件夹】图标选择图像文件。

③【替换】：设置图像的说明文字，当鼠标放在图像上时将显示这些文字。

④【对齐】：选择图像在文档中的对齐方式。

⑤【编辑图像】：启动外部编辑器编辑图像。

提示：当用户在浏览器中点击【图像域】按钮时，不仅表单中的信息被发送到服务器，而且鼠标点击位置的信息也会被发送到服务器。将光标定位到表单的红色虚线围成的框内，点击【Enter】键，可以添加多个图像域控件。

九、插入隐藏域

隐藏域在页面中对于用户来说是不可见的，在表单中插入隐藏域的目的主要在于收集或发送信息，以利于被处理表单的程序所使用。浏览者单击【发送】按钮发送表单的时候，隐藏域的信息也将被一起发送到服务器。有些时候需要提供用户某些信息，以便用户在提交表单时确定身份，如 sessionkey 等，这些操作也能使用 cookie 实现，但使用隐藏域就更为简单，而且不会存在浏览器不支持的问题及用户禁用 cookie 的困扰。有些时候一个 form 里有多个提交按钮，那么怎样使程序能够分清楚到底用户是点击哪个按钮提交上来的呢？此时，可以先写一个隐藏域，然后在每一个按钮处加上 onclick="document.form.command.value="xx""，接到数据后先检查 command 的值，就会知道用户是点击哪个按钮提交上来的。

有时候一个网页中有多个 form，而多个 form 是不能同时提交的。如果这些 form 相互作用，用户就可以在 form 中添加隐藏域来使它们联系起来。javascript 不支持全局变量，但有时用户必须用全局变量，可以把值先存在隐藏域里以防丢失。再如点击一个按钮弹出四个小窗口，当点击其中的一个小窗口时其他三个自动关闭。但 IE 浏览器不支持小窗口相互调用，因此只有在父窗口添加隐藏域以便当小窗口看到那个隐藏域的值是“close”时就自动关闭。

【示例 9】插入隐藏域。

操作步骤如下。

（1）将光标定义在表单框线内，点击【插入】菜单，选择【表单】项，在弹出的子菜单中选择【隐藏域】命令，或在【插入】面板中选择【表单】项，点击【隐藏域】图标，如图 8–38 所示。

图 8–38 点击【隐藏域】图标

（2）点击【窗口】菜单，选择【插入】项，可以打开【插入】面板。点击【隐藏域】图标后，隐藏域标志符号将出现在文档的【设计】视图中，如图 8–39 所示。

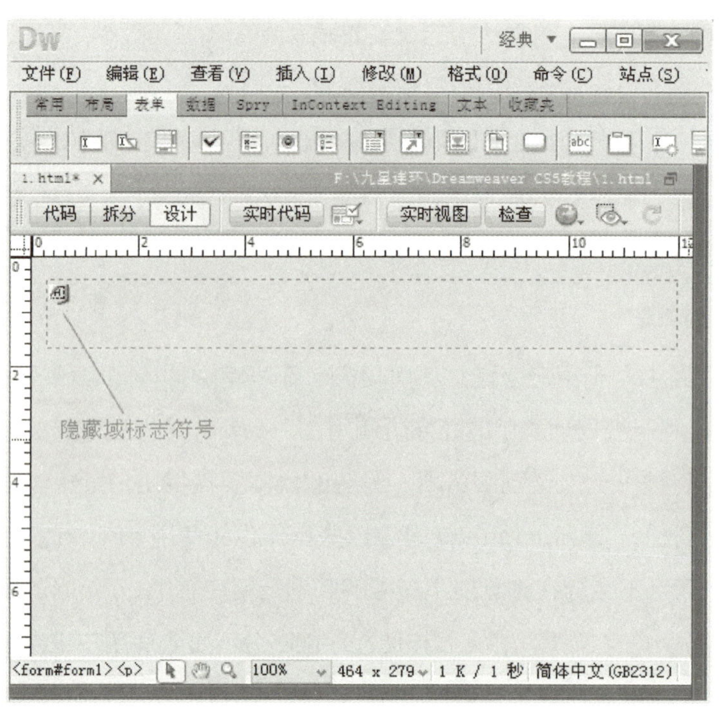

图 8-39 【隐藏域】图标

（3）如果已经插入【隐藏域】却看不见该标记，可点击【查看】菜单，选择【可视化助理】项，在弹出的子菜单中选择【不可见元素】命令。此外，还在【代码】视图中可以查看源代码，即

<input type="hidden" name="hiddenField" id="hiddenField" />

（4）单击【隐藏域】标记符号，出现【属性】面板，如图 8-40 所示。

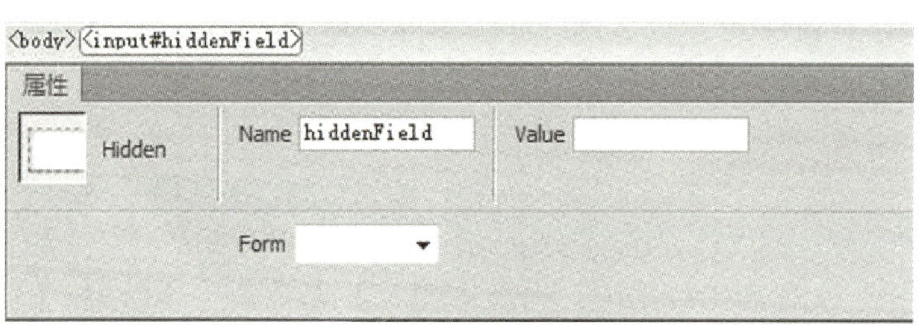

图 8-40 隐藏域【属性】面板

①【隐藏区域】：为该隐藏域对象输入一个唯一名称。可参考 HTML4.01 <input> 标签 type 属性。

②【值】：输入为该隐藏域所指定的值。可参考 HTML4.01<input> 标签 value 属性。

提示：将光标定位到表单的红色虚线围成的线框内，点击【Enter】键，可以添加多个隐藏域。

十、插入颜色选择器

color 控件可以让用户方便地通过色盘来选择颜色。目前支持 Chrome、Opera 浏览器及 Safari 浏览器最新版本，但不支持 Firefox 及 IE 浏览器，如图 8-41 所示。

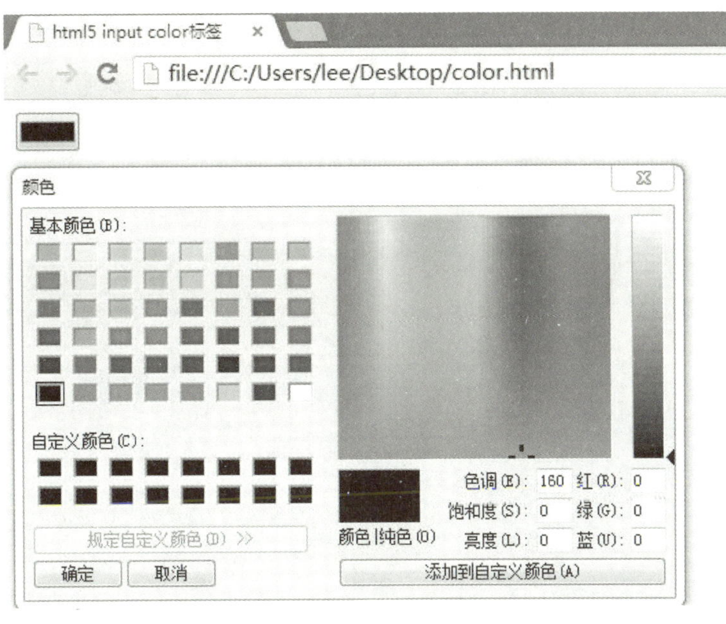

图 8-41　color 控件

color 标签最强大的一点是直接能调用系统的颜色调节窗口，图 8-41 所示 Chrome 的运行效果中弹出的窗口就是系统色盘窗口，当然，包括苹果系统也能弹出相应的系统色盘。虽然同样是 color 类型，但 Chrome 与 Opera 下的外观并不一样，但还有一个根本性质的区别就是 Opera 的【color 标签】旁边有一个下拉箭头，点击后直接在【color 标签】下拉出一个弹层。而只有点击【其他】按钮以后，才弹出系统色盘选择器，如图 8-42 所示。

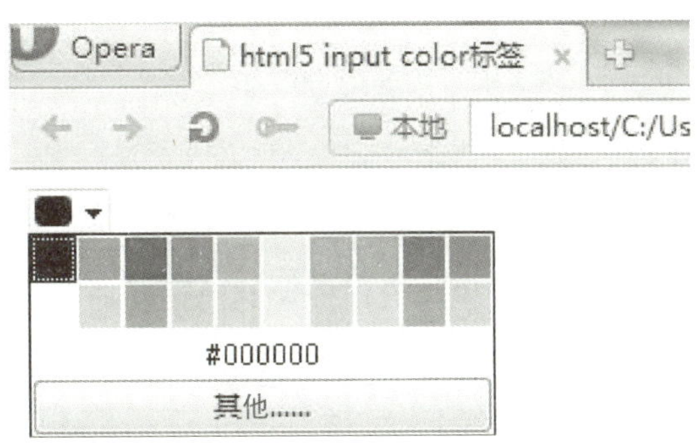

图 8-42　color 标签

1. 颜色选择器

color 标签外观可以自定义，通常上传按钮标签在各个浏览器下都不一样。IE 浏览器根据系统不一样也有不同的外观，在 Windows7 系统中如图 8-43 所示。

图 8-43　color 标签在 Windows7 系统中

在 FireFox 浏览器中如图 8-44 所示。

图 8-44　color 标签在 FireFox 浏览器中

在 Chrome 浏览器中如图 8-45 所示。

图 8-45　color 标签在 Chrome 浏览器中

在 Opera 浏览器中如图 8-46 所示。

图 8-46　color 标签在 Opera 浏览器中

在 Safari 浏览器中如图 8-47 所示。

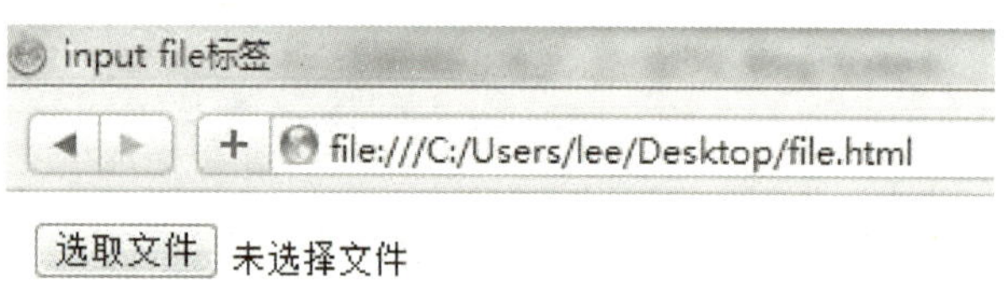

图 8-47　color 标签在 Safari 浏览器中

因为每个浏览器中的外观都不一致，通常用户可以上传标签隐藏，然后使用一个 div 按钮来替代解决这个问题，用户也可尝试按照这一逻辑方法应用到 color 标签上。如定义一个按钮，然后点击按钮以后弹出颜色选择器。

2. html 代码

html 代码如图 8-48 所示。

```
<!DOCTYPE html>
<html>
    <head>
        <meta charset="utf-8" />
        <title>html5 input color标签</title>
    </head>
    <body>
        <input style="display:none;" type="color" id="color" />
        <button id="btn">弹出色盘</button>
    </body>
</html>
```

图 8-48　html 代码

3. js 代码

js 代码如图 8–49 所示。

```
document.getElementById('btn').onclick = function(){
    document.getElementById('color').click();
};
```

图 8–49 js 代码

但在 Chrome /Opera 浏览器中测试都无法弹出色盘窗口。后来经过调试，发现 color 的 input 标签没有被 display:none 隐藏。也就是说去掉 input 标签的 display:none 属性后点击按钮能弹出色盘，Chrome 系统中的颜色标签如图 8–50 所示。

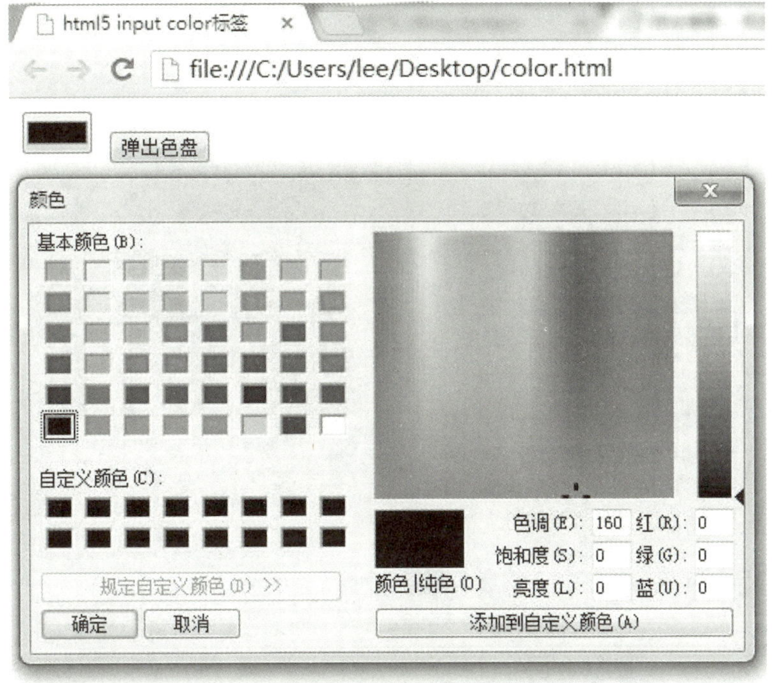

图 8–50 Chrome 系统中的颜色标签

Opera 系统下还是弹不出色盘，可能是因为它一开始默认弹一个下拉列表的缘故，如图 8–51 所示。

图 8–51 Opera 中的颜色标签

【示例 10】在 Chrome 系统中实现 color 标签既不隐藏、又不在页面显示。

解决这个问题非常容易，可以让 color 标签绝对定位，然后 left，将 color 标签移出页面以外，如图 8–52 所示。

```
<!DOCTYPE html>
<html>
    <head>
        <meta charset="utf-8" />
        <title>html5 input color标签</title>
    </head>
    <body>
        <input style="position:absolute;left:3000px;" type="color" id="color" />
        <button id="btn">弹出色盘</button>
    </body>
</html>
```

图 8-52　在 Chrome 系统中实现 color 标签既不隐藏、又不在页面显示

Chrome 系统中的执行效果如图 8-53 所示。

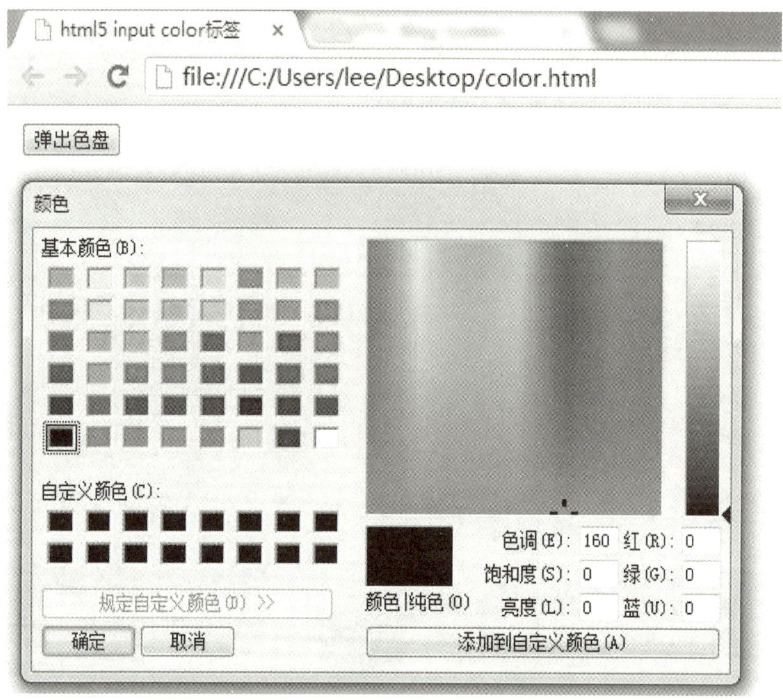

图 8-53　Chrome 系统中的执行效果

【示例 11】获得改变颜色后的触发事件。

弹出系统色盘后可以选择颜色，获得用户选择颜色后的色值做相应操作。由于是直接调用系统色盘，因此我们可以监听 input，只要在 onchange 之后获取它的 value 即可，如图 8-54 所示。

```
document.getElementById('color').onchange = function(){
    alert('您选择的颜色是: '+this.value)
};
```

图 8-54　获取 value 代码

截图效果如图 8-55 所示。

通过截图，我们发现色值都被转换成 16 进制格式了，也是网页通用格式。

十一、插入日期时间设定器

HTML5 定义了几个与日期有关的新控件。支持日期控件的浏览器会提供一个方便

图 8-55 截图效果

的下拉式日历，供用户选择。

HTML5 新增加了很多实用的控件，日期控件是其中之一。在以前我们要使用日期控件，要用额外的脚本库才行。现在直接内置了这个控件，十分方便。

【示例 12】日期控件的使用。

（1）HTML 代码很简单，就是一个“type=date”的 input 控件（<input type="date" id="txtDate" />），如图 8-56 所示。

```
<div class="content">
    <form method="get">
        <div>
            <label>日期: </label>
            <input type="date" id="txtDate" />
        </div>
        <div>
            <input type="button" id="btn" value="提交" />
        </div>
    </form>
</div>
```

图 8-56 “type=date”的 input 控件

（2）页面效果如图 8-57 所示，外观上看上去和一般的输入框区别不大。

图 8-57 页面效果

（3）当点击选中输入框时，点击三角形图标，就可以弹出日期选择控件，如图 8-58 所示。

图 8-58　日期选择控件

（4）当选择了一个日期后，显示如图 8-59 所示。

图 8-59　日期控件显示日期

（5）点击右边的上下箭头可以调整日期中的年、月、日，如图 8-60 所示。

图 8-60　点击上下箭头调整日期

新控件的代码如图 8-61 所示，可以应用原生的 js 代码（document.getElementById）来获取控件的值。

刷新页面并选择日期后，点击【提交】按钮，可以获取到选择的日期，如图 8-62 所示。

也可用 jquery 来获取日期控件的值。新控件只是在显示呈现上为我们提供了方便，在获取值、提交 form 等这些方面上并没有变化。用户可以无缝过渡到新控件上，如图 8-63 所示。

```
    <div class="content">
        <form method="get">
            <div>
                <label>日期: </label>
                <input type="date" id="txtDate" />
            </div>
            <div>
                <input type="button" id="btn" value="提交" />
            </div>
        </form>
    </div>
</div>
<script language="javascript">
    $(document).ready(function() {
        $("#btn").click(function(){
            alert(document.getElementById("txtDate").value);
        });
    });
</script>
```

图 8-61　HTML5 日期控件的代码

图 8-62　获取到选择的日期

```
            <div>
                <label>日期: </label>
                <input type="date" id="txtDate" />
            </div>
            <div>
                <input type="button" id="btn" value="提交" />
            </div>
        </form>
    </div>
</div>
<script language="javascript">
    $(document).ready(function() {
        $("#btn").click(function(){
            //alert(document.getElementById("txtDate").value);
            alert($("#txtDate").val());
        });
```

此网页显示：

2017-10-02

确定

提交

图 8-63　代码

十二、插入范围滑块

HTML5 引入了一系列新的表单元素和功能，包括范围输入类型。运用范围的输入元件可以创建网站用户滑动控制。配置范围的投入（如定义范围值和步骤方面）有许多可供选择的选项。随着 JavaScript 进展，可以捕获并响应用户交互的范围滑块控制。

用户可以创建一个基本的 HTML5 范围内的输入滑块调整图像大小，与 JavaScript 函数更新页面中的元素作为用户改变范围的时间点，注意，Internet Explorer 和 Firefox 浏览器不支持范围内输入，但 WebKit（Safari 和 Chrome）和 Opera 浏览器可以支持。

【示例 13】插入范围滑块。

操作步骤如下。

（1）创建一个 HTML5 页面，如图 8-64 所示。


```
<!DOCTYPE html>
<html>
<head>
<style type="text/css">

</style>
<script type="text/javascript">

</script>
</head>
<body>

</body>
</html>
```

图 8-64　创建一个 HTML5 页面

（2）预先准备 HTML、CSS 和 JavaScript 代码的空间后，进行页面主体部分的滑块范围输入，如图 8-65 所示。

```
<div id="slider">
5% <input id="slide" type="range"
 min="5" max="200" step="5" value="100"
 onchange="updateSlider(this.value)" />
 200%
</div><br/>
```

图 8-65　页面主体部分的滑块范围输入

第九章

使用网页行为创建动态效果

第一节　认识网页行为

网页行为是网页制作中不可缺少的一个重要元素，通过为网页添加行为可以增加网页动态效果。行为是预置的 JavaScript 程序库，使用行为可以使网页制作人员便捷地实现一些程序动作，如交换图像、打开浏览器窗口等。行为由对象、事件与动作构成，当指定的事件被触发时，将运行相应的 JavaScript 程序执行相应的动作。

Dreamweaver CC 提供的行为可使用户迅速给页面中的内容添加行为、为行为设置事件、修改事件和删除事件等操作。通过简单的管理操作，即可完成各类网页的设计。

第二节　使用行为调节浏览器

一、打开浏览器窗口

【行为】面板中的【打开浏览器窗口】选项是指通过打开动作在新的窗口中打开指定的 URL，并且可以指定新窗口的属性、特征和名称。例如，设置新窗口的大小、大小是否可以调整、是否具有菜单栏等。

【示例 1】行为中的【打开浏览器窗口】。

操作步骤如下。

（1）选中网页中的链接文本，打开【行为】面板。

（2）点击【行为】面板中的【+】按钮，在列表中选择【打开浏览器窗口】选项，如图 9-1 所示。

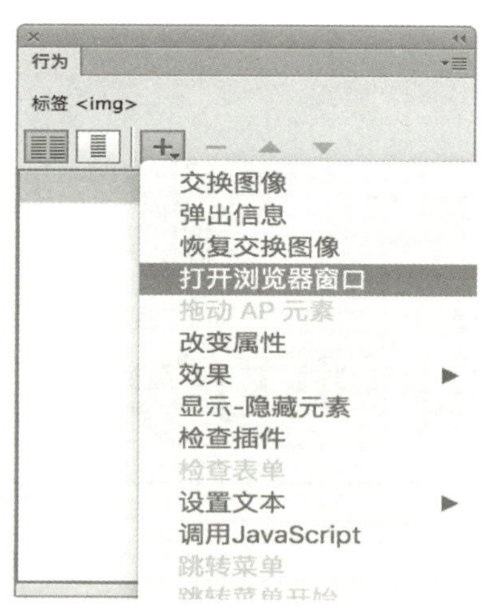

图 9-1 选择【打开浏览器窗口】选项

（3）打开【打开浏览器窗口】对话框，单击【浏览】按钮。

（4）打开【选择文件】对话框，选择网页后，点击【确定】按钮。

（5）返回【打开浏览器窗口】对话框，在【窗口高度】文本框和【窗口宽度】文本框中均输入参数“500”，单击【确定】按钮，如图 9-2 所示。

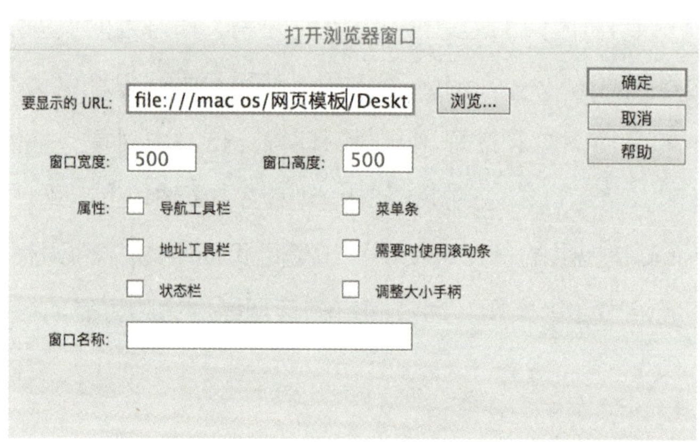

图 9-2 【打开浏览器窗口】对话框

（6）在【行为】面板中单击【事件】栏后的【v】按钮，在弹出的列表中选择【onClick】选项，如图 9-3 所示。

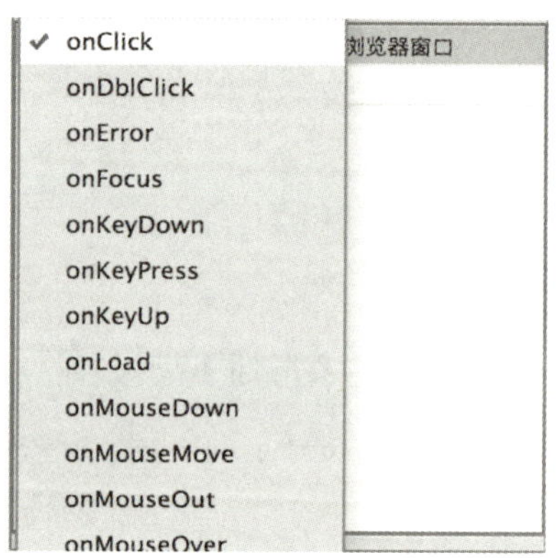

图 9-3 选择【onClick】选项

（7）预览网页。

二、调用 JavaScript

调用 JavaScript 行为可以指定在事件发生时要执行的自定义函数或者 JavaScript 代码。用户可以自己书写这些 JavaScript 代码，也可以使用网络上免费发布的各种 JavaScript 库。【调用 JavaScript】动作允许用户使用【行为】面板指定当发生某个事件时应该执行的自定义函数或 JavaScript 代码。

【示例 2】Dreamweaver CC【调用 JavaScript】行为

（1）选择一个对象并打开【行为】面板，点击【（。）】按钮，在弹出的下拉菜单中选择【调用 JavaScript】命令，如图 9-4 所示。

图 9-4 【调用 JavaScript】命令

（2）在【调用 JavaScript】对话框中输入要执行的自定义函数名称或者 JavaScript 代码。

（3）点击【确定】按钮，则将给选择的对象调用 JavaScript 行为。

（4）查看行为参数是否合适。如果不合适，可以修改行为参数。

三、转到 URL

Dreamweaver 的【转到 URL】行为可以让用户在当前窗口或者指定框架中打开一个新页面。不仅可以由不同的事件来执行，而且对于一次改变两个或两个以上框架的内容作用效果明显。

【示例 3】Dreamweaver 的【转到 URL】行为。

操作步骤如下。

（1）选择一个页面元素或者对象，打开【行为】面板，单击其中的【+】按钮，在弹出的列表中选择【转到 URL】选项，如图 9-5 所示。

（2）打开【转到 URL】对话框，单击【浏览】按钮，在打开的【选择文件】对话框中选中一个网页文件，单击【确定】按钮，如图 9-6 所示。

（3）返回【转到 URL】对话框后，单击【确定】按钮，即可在网页中创建【转到 URL】行为。

（4）查看附加的事件是否是需要的事件。如果不是需要的事件，可以进行更改。

（5）查看行为参数是否合适。如果不合适，也可以修改行为参数。

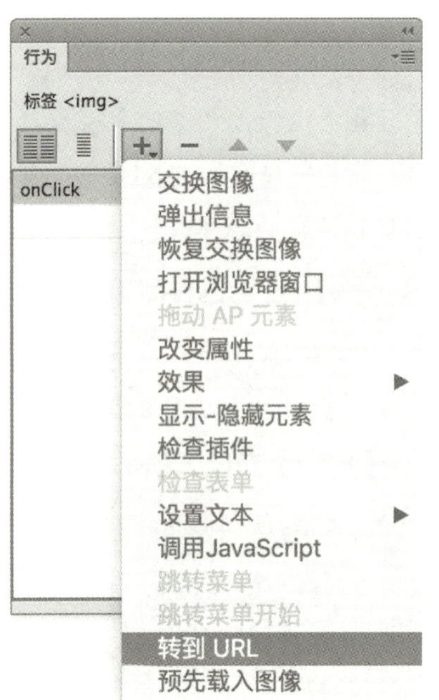

图 9-5　选择【转到 URL】选项

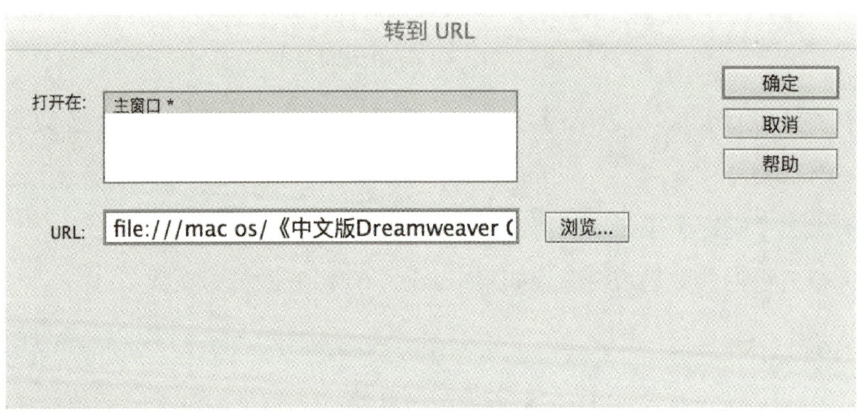

图 9-6　【转到 URL】对话框

第三节　使用行为控制图像

用户在使用 Dreamweaver CC 时经常会需要将一幅图像替换成为另外一幅图像，这就需要应用到交换图像行为。

1. 交换图像

在 Dreamweaver CC 文档窗口中选中图像后，点击【Shift+F4】组合键，打开【行为】面板，单击【+】按钮，在弹出的列表中选择【交换图像】选项，即可打开如图 9-7 所示的【交换图像】对话框。

【示例 4】交换图像行为的设置方法。

操作步骤如下。

（1）点击【Ctrl+ Shift+N】组合键创建一个空白网页，再点击【Ctrl+Alt+I】组合键在网页中插入单个图像，并在【属性】面板的【ID】文本框中将图像的名称命名为“Image1”。

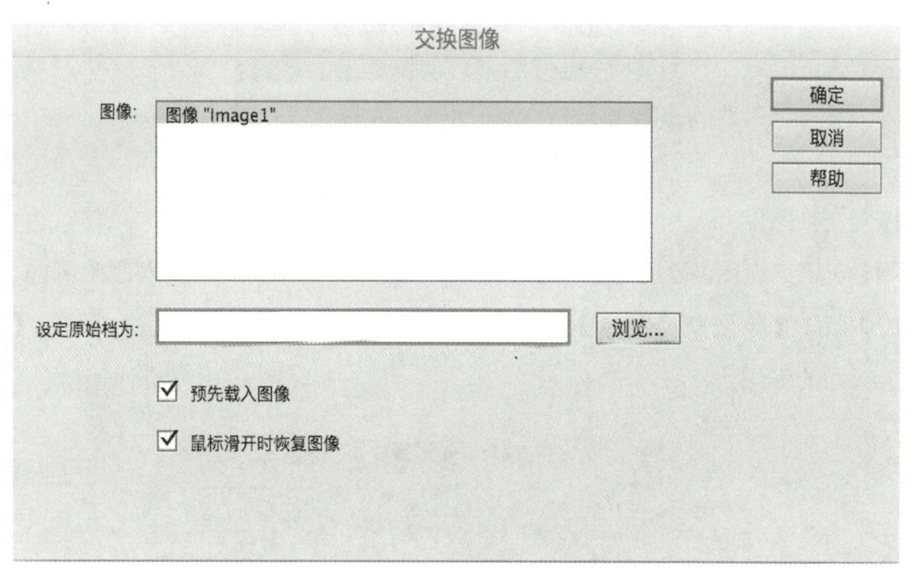

图 9-7　【交换图像】对话框

（2）选中页面中的图像，点击【Shift+F4】组合键打开【行为】面板，如图 9-8 所示，单击【+】按钮在弹出的列表中选择【交换图像】选项，如图 9-9 所示。

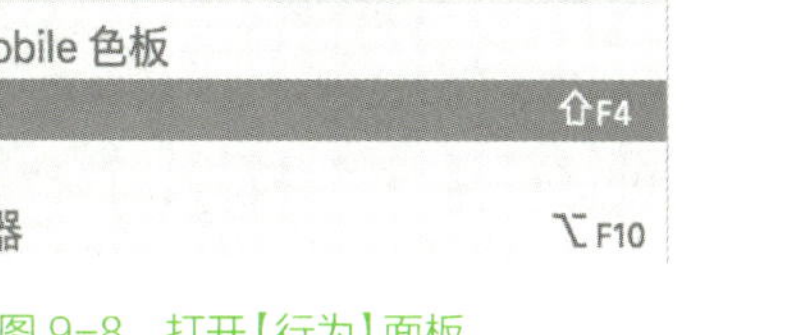

图 9-8　打开【行为】面板　　　图 9-9　选择【交换图像】选项

（3）打开【交换图像】对话框，单击【设定原始档为】文本框后的【浏览】按钮，在打开的【选择图像源文件】对话框中选中图像文件，单击【确定】按钮。

（4）返回【交换图像】对话框后，单击该对话框中的【确定】按钮，即可在【行为】面板中为“Image1”图像添加图 9-10 所示的【交换图像】行为和【恢复交换图像】行为。

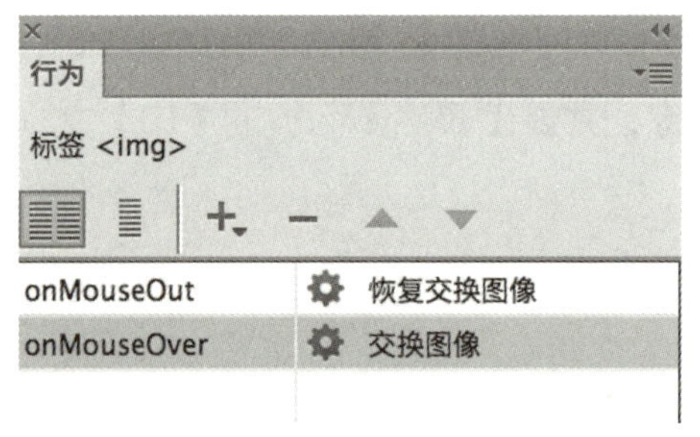

图 9-10　打开【选择图像源文件】对话框

2. 恢复交换图像

利用【恢复交换图像】行为，可以将所有被替换显示的图像恢复为原始图像。在【行为】面板中双击【恢复交换图像】行为，将打开图 9-11 所示的对话框，提示【恢复交换图像】行为的作用。

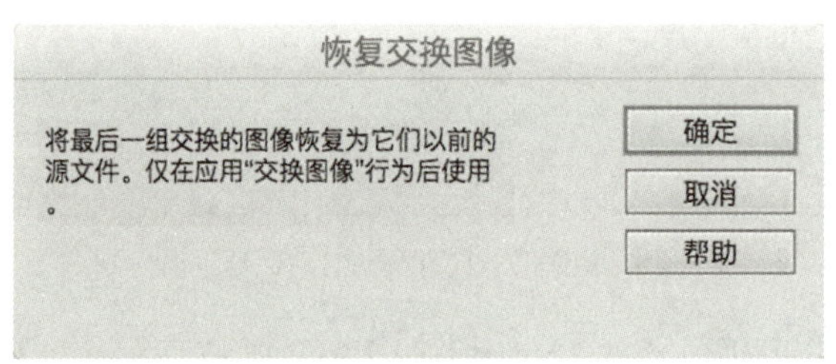

图 9-11　【恢复交换图像】

3. 预先载入图像

在【行为】面板中单击【+】按钮，在弹出的列表中选择【预先载入图像】选项，可以打开如图 9-12 所示的对话框，在网页中创建预先载入图像行为。

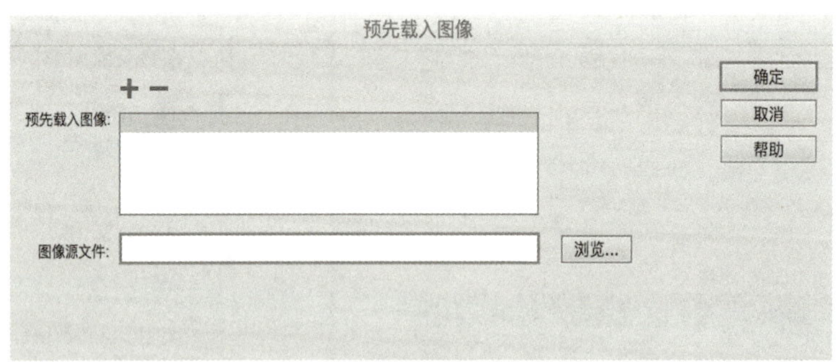

图 9-12　创建预先载入图像行为

第四节　使用行为显示文本

一、弹出信息

当需要设置从一个网页跳转到另一个网页或特定的链接时，通常可以使用弹出信息行为，设置网页弹出消息框。消息框是具有文本消息的小窗口，例如登录信息错误或即将关闭网页等情况下，使用消息框能够快速、醒目地在 Dreamweaver CC 中实现信息提示。

【示例 5】网页中的【弹出信息】行为。

操作步骤如下。

（1）选中网页中需要设置【弹出信息】行为的对象，点击【Shift+F4】组合键，打开【行为】面板。

（2）单击【行为】面板中的【+】按钮，在弹出的列表中选择【弹出信息】选项。

（3）打开【弹出信息】对话框，如图 9–13 所示，在文本区域中输入弹出信息后单击【确定】按钮。

图 9–13　打开【弹出信息】对话框

（4）此时，即可在【行为】面板中添加图 9–14 所示的【弹出信息】行为。

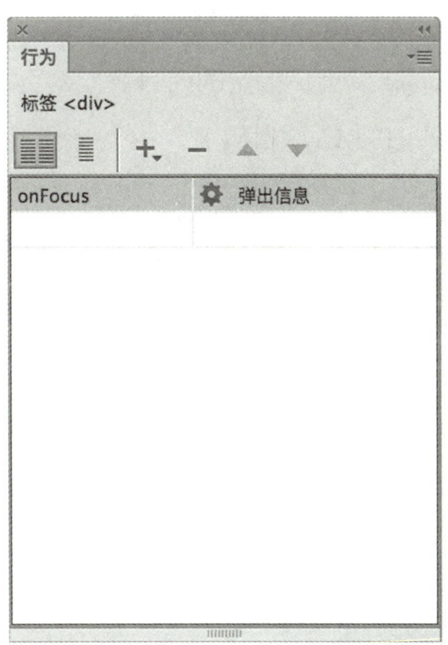

图 9–14　添加【弹出信息】行为

（5）保存网页，再点击【确定】键预览网页，单击页面中设置【弹出信息】行为的网页对象，将弹出提示对话框，显示弹出信息内容。

二、设置状态栏文本

浏览器的状态栏可以作为表示文档状态的空间，用户可以直接指定画面中的状态栏是否显示。

【示例 6】在浏览器中显示状态栏（以 IE 浏览器为例）。

要在浏览器中显示状态栏（以 IE 浏览器为例），在浏览器窗口中选择【查看】→【工具】→【状态栏】命令即可。

操作步骤如下。

（1）打开网页文档后，打开【行为】面板。

（2）单击【行为】面板中的【+】按钮，在弹出的列表中选择【设置文本】→【设置状态栏文本】命令，如图 9–15 所示，在打开的对话框的【消息】文本框中输入需要显示在浏览器状态栏中的文本。

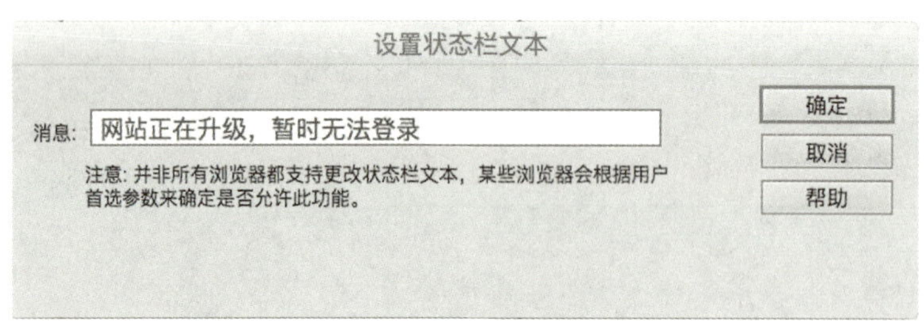

图 9–15 【设置状态栏文本】对话框

（3）单击【确定】按钮，在【行为】面板中添加【浏览器状态栏文本】行为。

三、设置容器的文本

【设置容器的文本】行为将以用户指定的内容替换网页上现有层的内容和格式设置（该内容可以包括任何有效的 HTML 源代码）。

【示例 7】在 Dreamweaver CC 中设定【设置容器的文本】行为。

（1）打开网页后，选中页面中的 D 标签内的图像，打开【行为】面板。

（2）单击【行为】面板中的【+】按钮，在弹出的列表中选择【设置文本】→【设置容器的文本】命令。

（3）打开【设置容器的文本】对话框，如图 9–16 所示，在【新建 HTML】文本框中输入需要替换层显示的文本内容，单击【确定】按钮设置容器的文本。

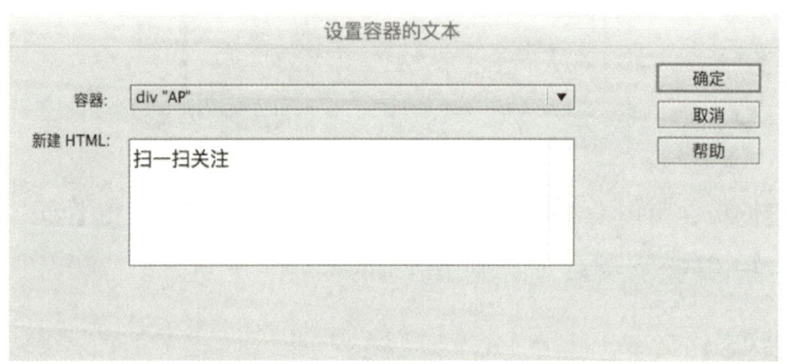

图 9–16 【设置容器的文本】对话框

（4）在【行为】面板中添加【设置容器的文本】行为。

四、设置文本域文字

在 Dreamweaver CC 中，使用【设置文本域文字】行为能够让用户在页面中对任意文本或文本区域进行动态更新。

【示例 8】使用【设置文本域文字】行为。

操作步骤如下。

（1）打开网页后，选中页面表单中的一个行为文本域，在【行为】面板中单击【+】按钮，在弹出的列表中选择【设置文本】→【设置文本域文本】选项。

（2）打开【设置文本域文字】对话框，在【新建文本】文本区域中输入要显示在文加本域上的文字，单击【确定】按钮。

（3）此时即可在【行为】面板中添加个【设置文本域文本】行为。单击【设置文本域文本】行为前的列表框按钮，在弹出的列表框中选中【on Mousemove】选项。

（4）保存并点击【F12】键预览网页，将鼠标指针移动至页面中的文本域上，即可在其中显示相应的文本信息。

在【设置文本域文字】对话框中，两个主要选项的功能说明如下。

【文本域】下拉按钮：用于选择要改变内容显示的文本域名称。

【新建文本】文本区域：用于输入将显示在文本域中的文字。

第五节　使用行为加载多媒体

一、检查插件

插件程序是为了实现浏览器本身不能支持的功能而与浏览器连接在一起使用的程序，通常简称为插件。具有代表性的插件程序是 Flash 播放器。IE 浏览器没有播放 Flash 动画的功能，初次进入含有 Flash 动画的网页时，计算机会出现需要安装 Flash 播放器的警告信息。可以检查计算机是否已经安装了播放 Flash 动画的插件，如果安装了该插件，就可以显示带有 Flash 动画对象的网页；如果没有安装该插件，则显示一幅仅包含图像替代的网页。

在 Dreamweaver CC 中可以确认的插件程序有 Flash、Quick Time 等。若想确认是否安装了插件程序，则可以应用【检查插件】行为。

【示例 9】应用【检查插件】行为。

操作步骤如下。

（1）打开网页文档后，点击【Shift+F4】组合键打开【行为】面板，单击【+】按钮，在弹出的列表中选择【检查插件】选项。

（2）打开【检查插件】对话框，如图 9–17 所示，点选【选择】选项，单击其后的按钮，在弹出的下拉列表中选中【Flash】选项。

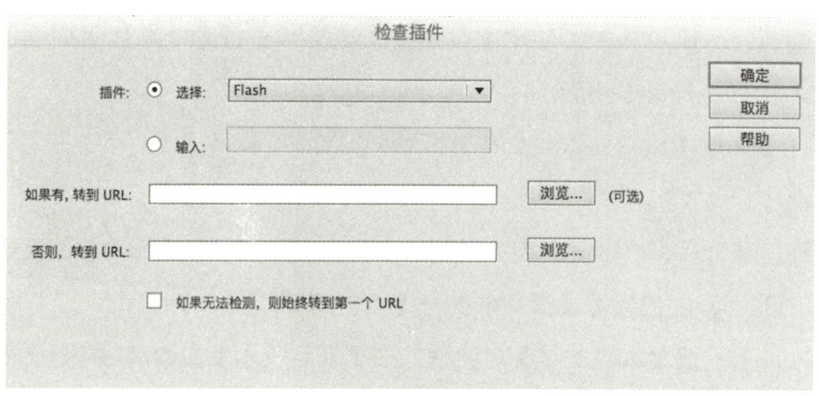

图 9–17 【检查插件】对话框

（3）在浏览器中已安装 Flash 插件的情况下，在【如果有，转到 URL】文本框中输入要链接的网页；在浏览器未安装 Flash 插件的情况下，在【否则，转到 URL】文本框中输入要链接的网页；选中【如果无法检测，则始终转到第一个 URL】复选框。

二、改变属性

使用【改变属性】行为，可以动态改变对象的属性值，如改变层的背景颜色或图像的大小等。这些改变实际上是改变对象的相应属性值（是否允许改变属性值，取决于浏览器的类型）。

【示例 10】在 Dreamweaver CC 中添加【显示隐藏元素】行为。

操作步骤如下。

（1）打开网页文档后，在页面中插入一个名为“DIV12”的层，并在其中输入文本内容。

（2）打开【行为】面板，在【行为】面板中单击【+】按钮，在弹出的列表中选择【改变属性】选项。

（3）在打开的【改变属性】对话框，单击【元素类型】下拉列表按钮，在弹出的下拉列表中选中【DIV】选项。

（4）单击【元素 ID】按钮，在弹出的下拉列表中选中【DV18】选项，选中【选择】单选按钮，然后单击其后的下拉列表按钮，在弹出的下拉列表中选中【color】选项，并在【新的值】文本框中输入“#FF88C2”，如图 9–18 所示。

（5）在【改变属性】对话框中单击【确定】按钮，在【行为】面板中单击【改变属性】行为前的列表框按钮列表框中选中【onFocus】选项，如图 9–19 所示。

（6）完成以上操作后，保存并点击【F12】键预览网页，当用户单击页面中 DIV12 层中的文字时，其颜色将发生变化。

图 9-18 【新的值】文本框中输入“#FF88C2”

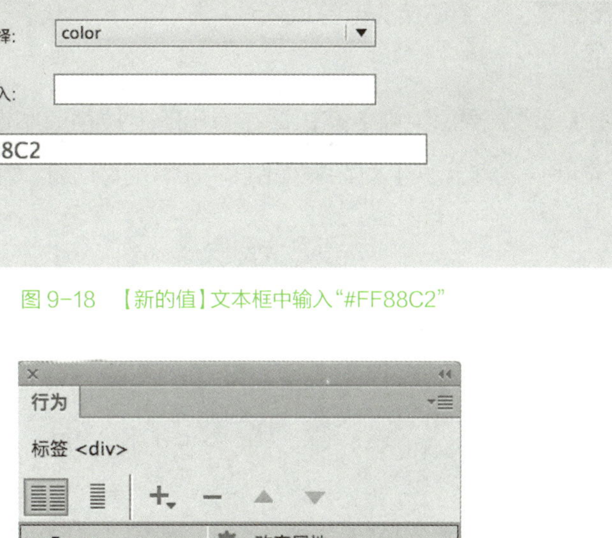

图 9-19 选中【onFocus】选项

在【改变属性】对话框中，比较重要的选项功能含义如下。

【元素类型】：用于设置要更改的属性对象的类型。

【元素 ID】：用于设置要改变的对象的名称。

【属性】：该选项区域包括【选择】单选按钮和【输入】单选按钮。选择【属性】单选按钮，可以使用其后的下拉列表选择一个属性；选择【输入】单选按钮，可以在其后的文本框中输入具体的属性类型名称。

【新的值】：用于设定需要改变属性的新值。

三、显示 - 隐藏元素

【显示 - 隐藏元素】：行为可以显示、隐藏或者恢复一个或多个页面元素的默认可见性，主要用于在用户与页面进行交互时显示信息。

【示例 11】【显示 – 隐藏元素】行为。

操作步骤如下。

（1）在网页中插入“AP Div”，也就是常说的层。

（2）选择标签、某个链接、标签或者选择一个 AP 元素。

（3）打开行为面板。

（4）点击【添加行为（+）】按钮，在弹出的下拉菜单中选择【显示 – 隐藏元素】命令，弹出【显示 – 隐藏元素】对话框如图 9–20 所示。

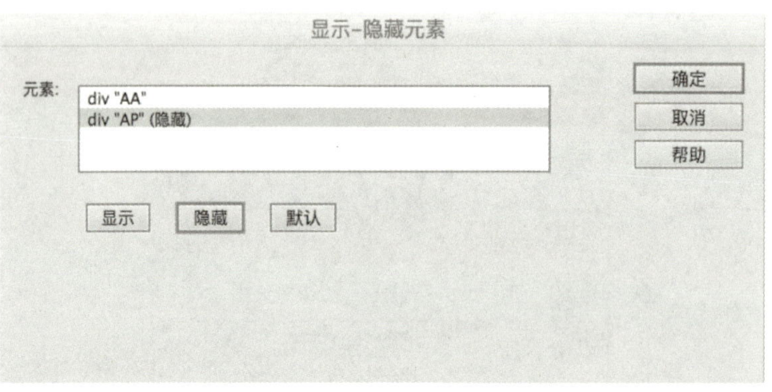

图 9–20 【显示 – 隐藏元素】对话框

（5）在【显示 – 隐藏元素】对话框的【元素】列表框中选中一个网页中的元素，例如“Div–AP”，单击【隐藏】按钮，效果如图 9–21 所示。

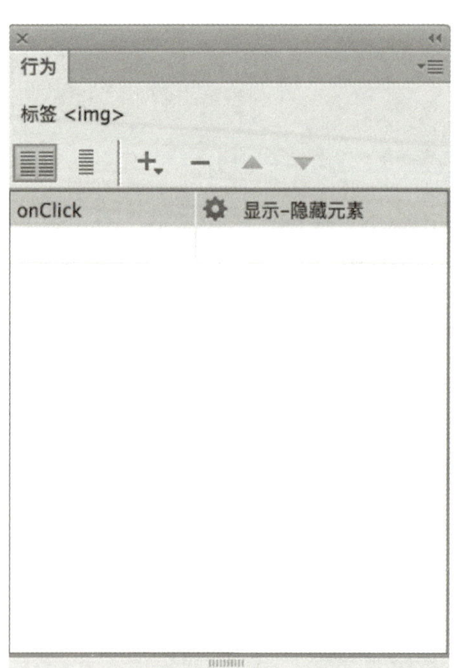

图 9–21 单击【隐藏】按钮后的效果

（6）在【元素】文本框中选择需要改变可见性的元素。点击【显示】按钮、【隐藏】按钮或者【默认】按钮设置元素的可见性。继续选择其他元素并点击相关的按钮，以设置更多元素的可见性。

（7）单击【确定】按钮，查看附加的事件是否是需要的事件。如果不是需要的事件，可以更改事件。查看行为参数是否合适。如果不合适，也可以修改行为参数。

第六节　使用行为控制表单

表单是一个包含表单元素的区域，表单元素是允许用户在表单中（如文本域、下拉列表、单选框、复选框等等）输入信息的元素。表单使用表单标签（<form>）定义。

【示例 12】在网页中应用跳转菜单行为。

在网页中应用【跳转菜单】行为以编辑表单中的菜单对象，操作步骤如下。

（1）选择【插入】→【表单】→【跳转菜单】命令。

（2）在打开的【跳转菜单】对话框中的【菜单项】列表，如图 9–22 所示，选中【河北省】选项，然后单击【浏览】按钮。

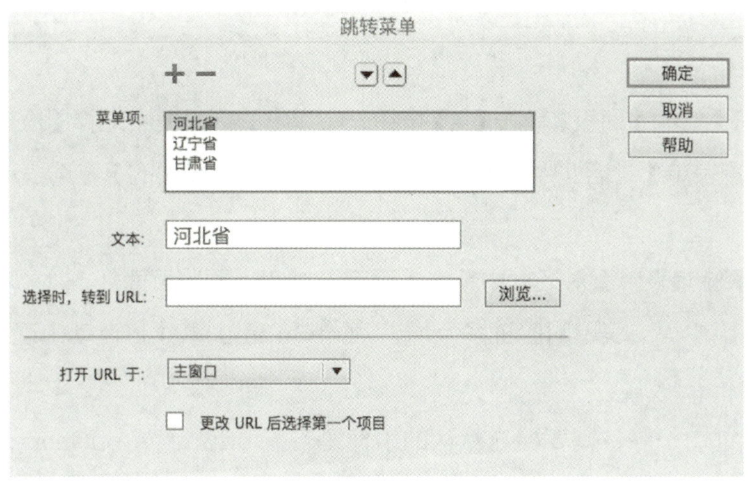

图 9–22　【菜单项】列表

（3）在打开的对话框中选中一个网页文档，单击【确定】按钮。

（4）在【跳转菜单】对话框中单击【确定】按钮，即可为表单中的选择设置一个【跳转菜单】行为。

【元素类型】：选择要改变属性的元素。

【元素 ID】：选择的元素如果有 ID，会在此处自动显示出来。如果没有 ID，添加 ID 后，再重新填写【改变属性】对话框。

【属性】：可以选择一个要改变的属性名称，也可以输入一个要改变的属性名称。

【新的值】：为属性输入一个新值。

【示例 13】检查表单行为。

使用【检查表单】行为可以为表单中各元素设置有效性规则，操作步骤如下。

（1）打开一个表单网页后，选中页面中的表单，如图 9-23 所示。

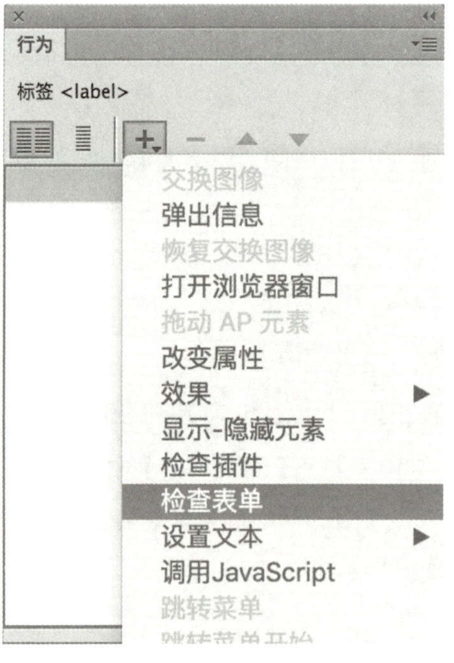

图 9-23　选中页面中的表单

（2）打开【行为】面板，单击【+】按钮，在弹出的列表框中选择【检查表单】命令，在打开的【检查表单】对话框中的【域】列表框中，选中【必需的】复选框和【任何东西】单选按钮。

（3）在【检查表单】对话框中单击【确定】按钮，预览页面。

如果是在用户提交表单时验证多个域，则 onSubmit 事件将自动出现在【事件】菜单中。

如果是验证单个域，则要检查默认的事件是否是 onBlur 或 onChange 事件。如果不是，请从【事件】下拉菜单中选择 onBlur 或 onChange 事件。onBlur 或 onChange 事件都用于在用户从该域中移走时触发【检查表单】行为。区别在于 onBlur 事件无论用户是否在该域中输入内容都会发生，而 onChange 事件只在用户改变了域中的内容时才会发生。因此，当指定的域必须要填写内容时最好使用 onBlur 事件。

第十章
制作 jQuery Mobile 页面

第一节 创建 jQuery Mobile 页面

启动 Dreamweaver CC，选择【文档】→【新建】命令，弹出【新建文档】对话框，选择【启动器模板】选项，在【示例页】列表框中 Dreamweaver CC 提供了 3 种 jQuery Mobile 页面示例，如图 10–1 所示。

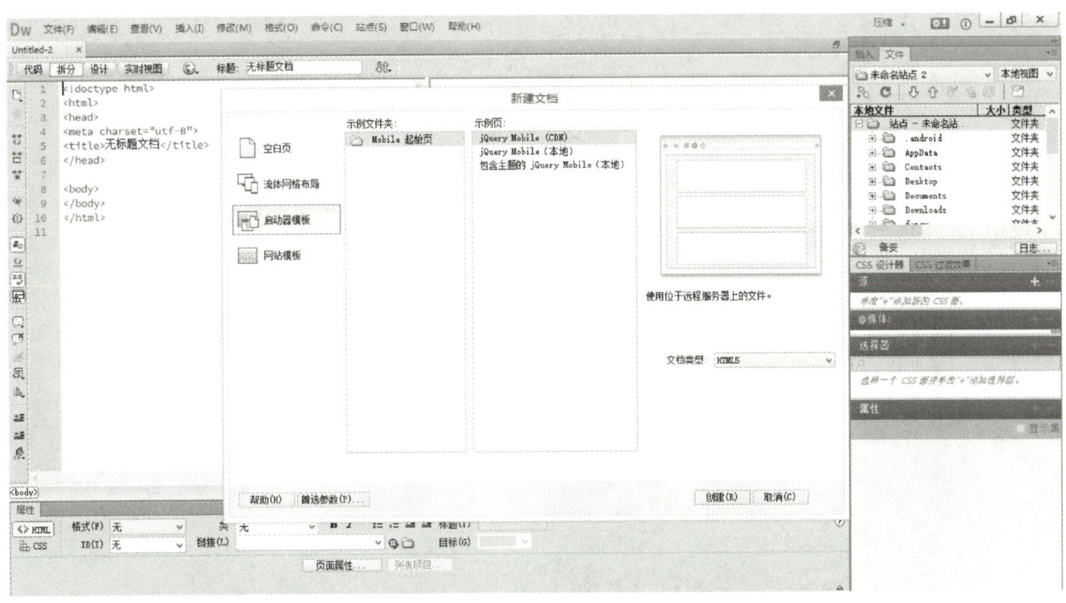

图 10–1 jQuery Mobile 页面示例

1. jQuery Mobile（CDN）

选择该选项所创建的 jQuery Mobile 页面，页面中所使用的 jQuery Mobile 库资源将使用远程服务器上所提供的库资源文件。如果要链接到承载 jQuery Mobile 文件的远程 CDN 服务器，但尚未配置包含 jQuery Mobile 文件的站点，则对 jQuery 站点使用默认选项【jQuery Mobile（CDN）】，如图 10-2 所示。

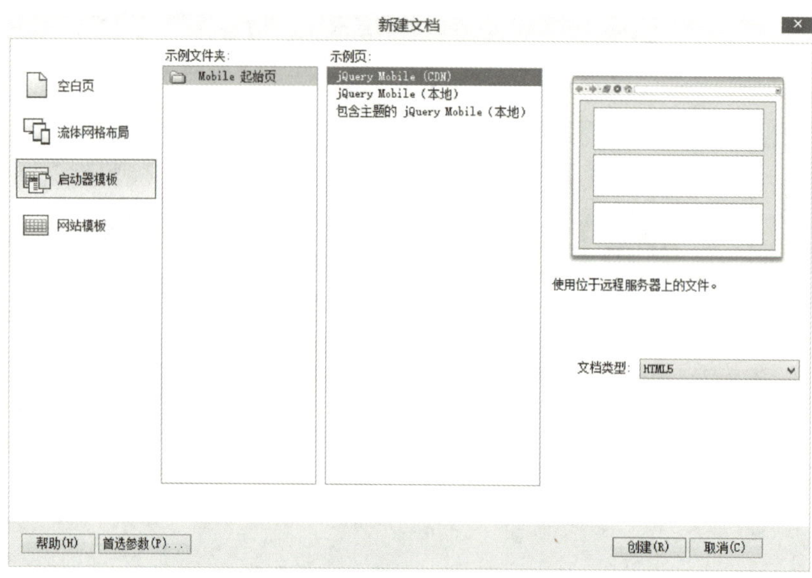

图 10-2 jQuery Mobile 页面

2. jQuery Mobile（本地）

选择该选项所创建的 jQuery Mobile 页面，会自动将所需要的 jQuery Mobile 库资源文件复制到本站点根目录中。例如显示 Dreamweaver CC 中提供的文件，可以指定其他包含 jQuery Mobile 文件的文件夹，【jQuery Mobile（本地）】选项如图 10-3 所示。

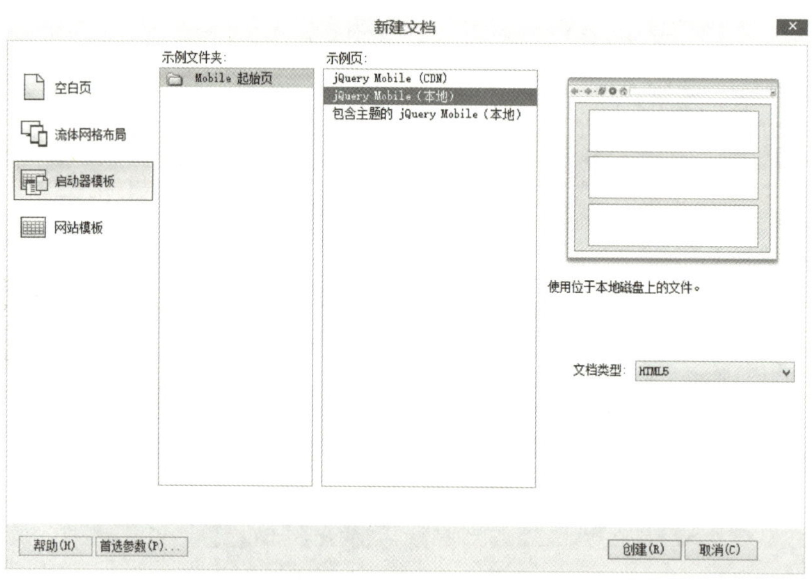

图 10-3 【jQuery Mobile（本地）】选项

3. 包含主题的 jQuery Mobile（本地）

选择该选项所创建的 jQuery Mobile 页面，选择【组合】选项时可使用完整的 CSS 文件，或选择【拆分】选项使用被拆分成结构和主题组件的 CSS 文件，【包含主题的 jQuery Mobile（本地）】选项如图 10-4 所示。

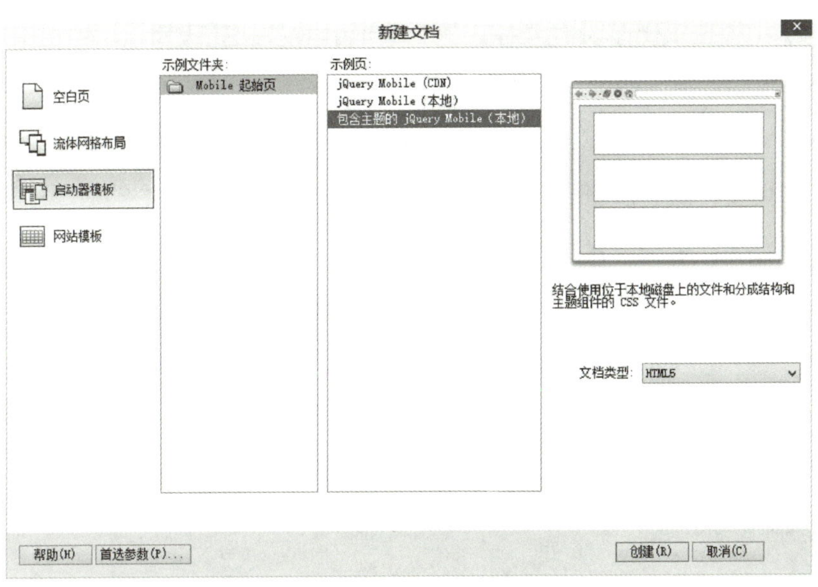

图 10-4　【包含主题的 jQuery Mobile（本地）】选项

第二节　使用 jQuery Mobile 组件

执行【窗口】→【插入】命令，弹出【插入】面板，在【插入】面板中选中【jQuery Mobile】选项，该组件将显示在分类列表中，如图 10–5 所示。

一、使用列表视图

【示例 1】使用 jQuery Mobile 组件中的列表视图。

操作步骤如下。

单击【插入】面板上的【jQuery Mobile】选项卡中的【列表视图】按钮，弹出【列表视图】对话框。在该对话框中对相关选项进行设置，单击【确定】按钮，即可在页面中插入 jQuery Mobile 列表视图元素。保存页面，在预览器中预览该页面，可以看到默认的 jQuery Mobile 列表视图的效果。

在网页中插入 jQuery Mobile 列表视图对象时，弹出【列表视图】对话框，在该对话框中可以设置所需要插入的列表的效果和选项。

【列表类型】：该选项用于设置所插入的列表类型。在该选项下拉列表中包括【无序】和【有序】两个选项，分别对应无序列表和有序列表。

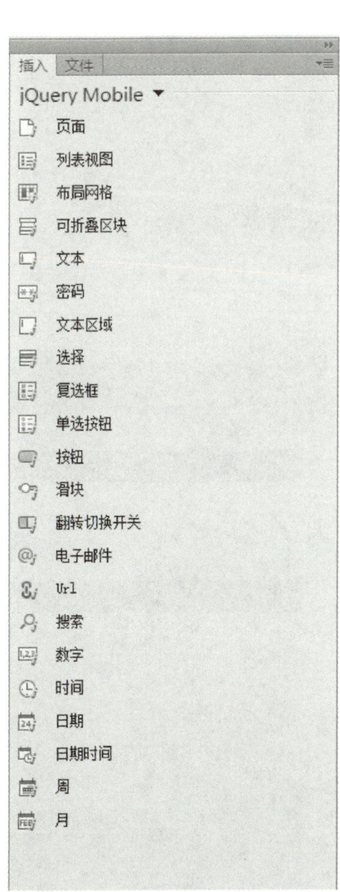

图 10–5　选中【jQuery Mobile】选项

【项目】：该选项用于设置所插入的列表项的数目，默认为 3。在该选项的下拉列表中可以选择所需要插入的列表项的数目。

【凹入】：选中该复选框，则插入的列表项将以缩进的方式居中显示在布局中。

【文本说明】：选中该复选框，将为所插入的各列表项添加文字说明内容。

【文本气泡】：选中该复选框，可以在各列表项的右侧显示图形的数字气泡。

【侧边】：选中该复选框，可以在各列表项的右侧显示侧边信息内容。

【拆分按钮】：选中该复选框，可以将各列表项右侧的按钮拆分为独立按钮形式。

【拆分按钮图标】：只有选中【拆分按钮】复选框，该选项才可用。通过该选项可以设置执行拆分命令的按钮图标并在该选项的下拉列表中选择预设的按钮图标样式。

二、使用布局网格

【示例 2】使用 jQuery Mobile 组件中的布局网格。

操作步骤如下。

单击【插入】面板上的【jQuery Mobile】选项卡中的【布局网格】按钮，弹出【布局网格】对话框。在【布局网格】对话框中可以设置所需要插入的布局形式，单击【确定】按钮，即可在 jQuery Mobile 页面中插入布局网格，如图 10-6 所示。单击文档工具栏上的【实时视图】按钮，可以看到默认的 jQuery Mobile 布局网格的效果，如图 10-7 所示。

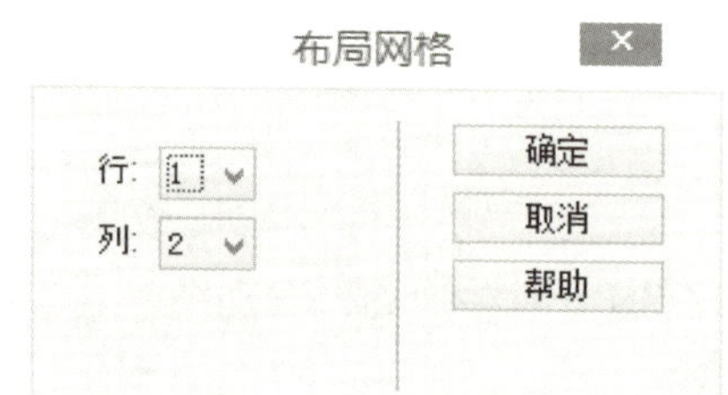

图 10-6　在 jQuery Mobile 页面中插入布局网格

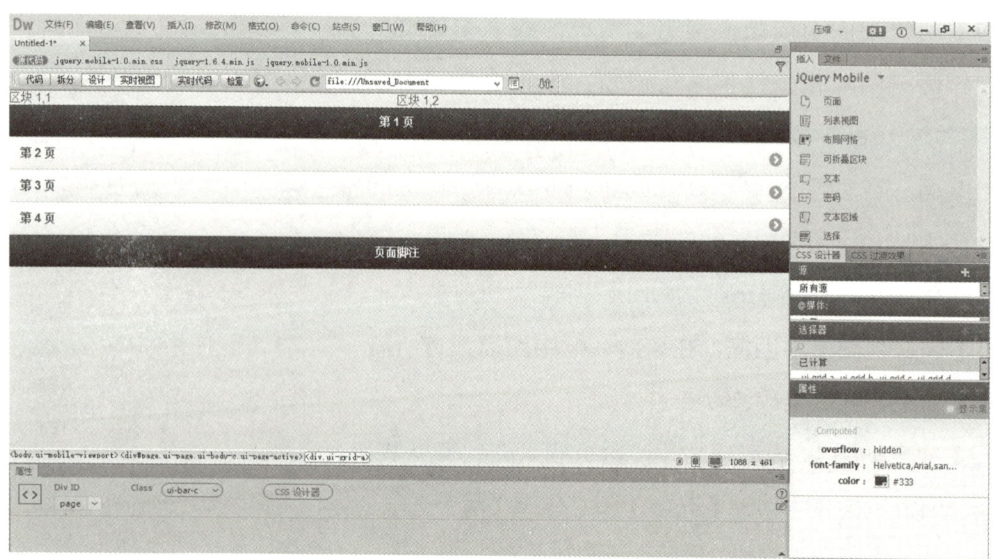

图 10-7　默认的 jQuery Mobile 布局网格的效果

三、可折叠区块

【示例 3】使用 jQuery Mobile 组件中的可折叠区块。

操作步骤如下。

单击【插入】面板上的【jQuery Mobile】选项卡中的【可折叠区块】按钮，即可在 jQuery Mobile 页面中插入默认的可折叠区块元素，如图 10–8 所示。单击【实时视图】按钮，可以看到默认的 jQuery Mobile 可折叠区块的效果，如图 10–9 所示。

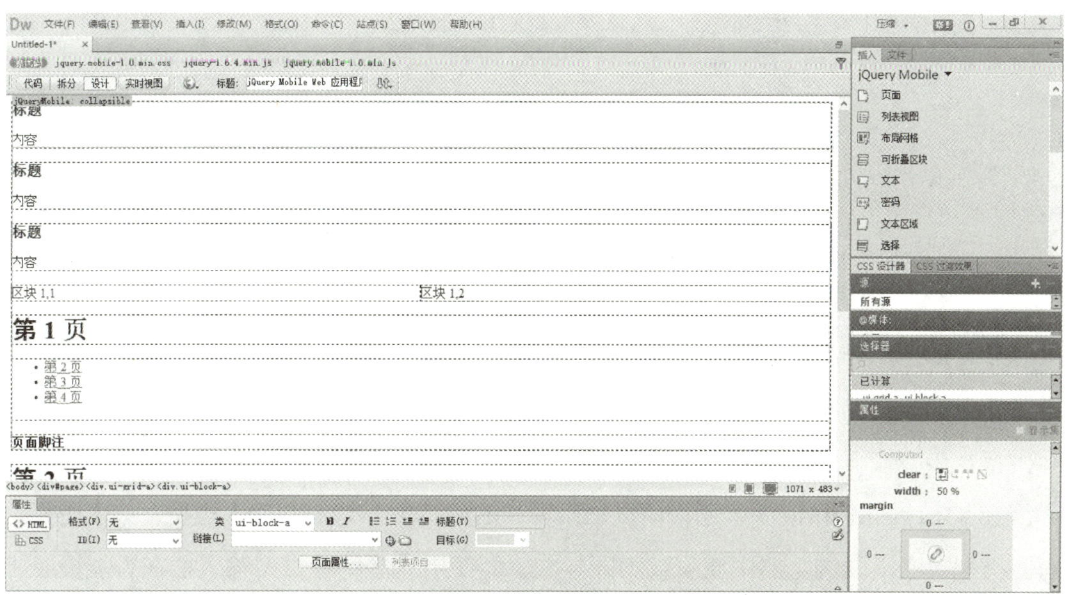

图 10–8 在 jQuery Mobile 页面中插入默认的可折叠区块元素

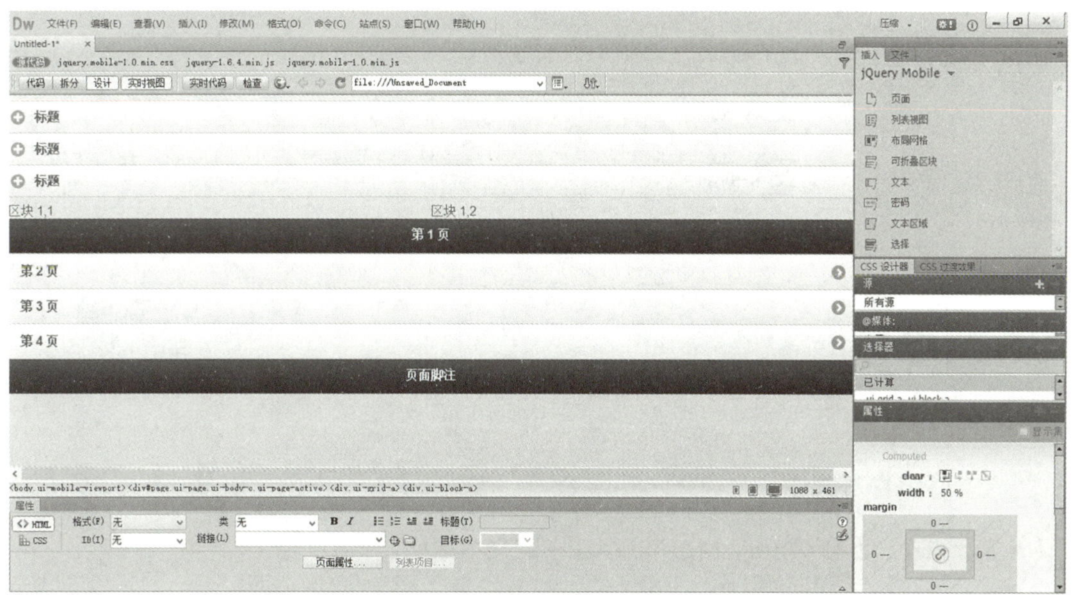

图 10–9 默认的 jQuery Mobile 可折叠区块的效果

四、使用文本输入框

【示例 4】使用 jQuery Mobile 组件中的文本输入框。

操作步骤如下。

文本输入框在 jQuery Mobile 页面中使用标准的 HTML 标记，在移动设备中也能更便捷地使用。单击【插入】面板中的【文本】按钮，即可在页面中插入文本输入框，如图 10–10 所示。该文本输入框可以接受任何类型的文本、字母和数字内容。切换到【实时视图】页面，可以看到默认的 jQuery Mobile 文本输入框的效果，如图 10–11 所示。

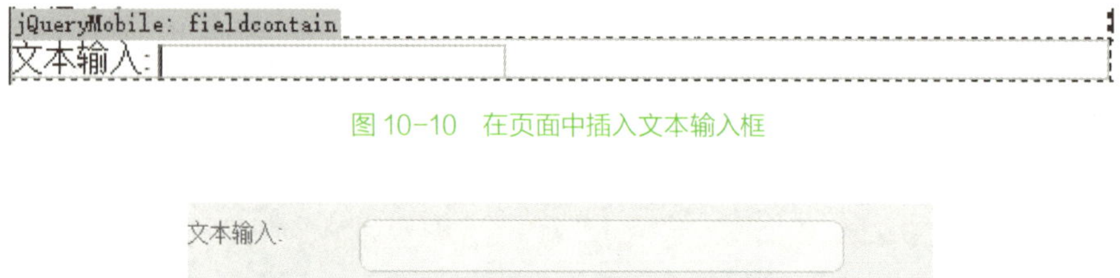

图 10–10　在页面中插入文本输入框

图 10–11　使用文本输入框的效果

五、使用密码输入框

【示例 5】使用 jQuery Mobile 组件中的密码输入框。

操作步骤如下。

在 jQuery Mobile 中，用户可以使用现存的和新的 HTML5 输入类型，如密码栏。有些类型会在不同浏览器中渲染成不同样式，而使用这些特殊类型输入框在智能设备上可对应不同的触摸键盘。在创建 jQuery Mobile 页面后，单击【插入】面板中的【密码】按钮，可插入密码输入框，如图 10–12 所示，切换到【实时视图】页面可看到在 jQuery Mobile 使用密码输入框的效果，如图 10–13 所示。

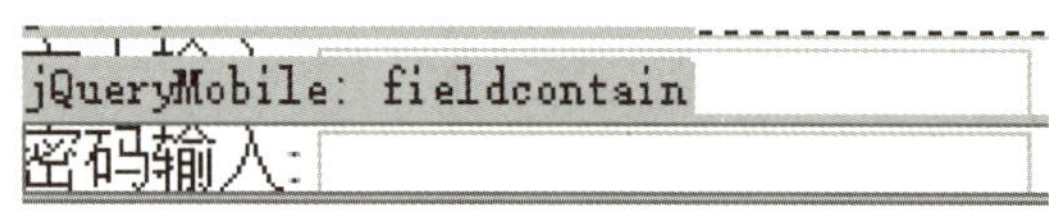

图 10–12　插入密码输入框

图 10–13　使用密码输入框的效果

六、使用文本区域

【示例 6】使用 jQuery Mobile 组件中的文本区域。

操作步骤如下。

在 jQuery Mobile 中对于多行输入可以使用文本区域功能，【jQuery Mobile】框架会自动加大文本域高度。创建 jQuery Mobile 页面后，单击【插入】面板中【文本区域】按钮，即可在页面中插入一个文本区域，如图 10–14 所示。切换到【实时视图】页面，可在【jQuery Mobile】中查看文本区域效果，如图 10–15 所示。

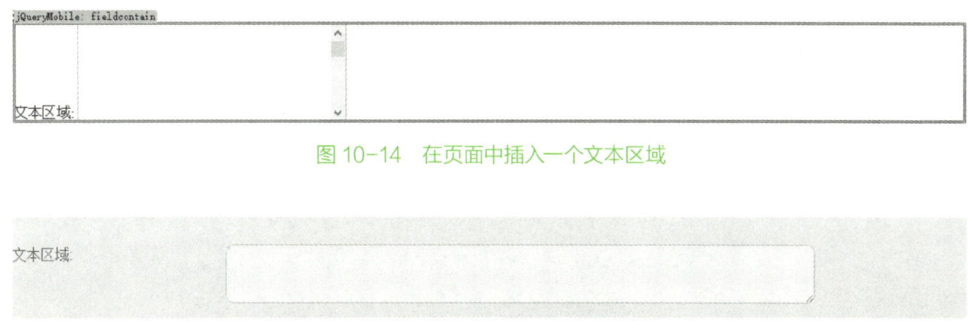

图 10–14 在页面中插入一个文本区域

图 10–15 在【jQuery Mobile】中查看文本区域效果

七、使用文本菜单

【示例 7】使用 jQuery Mobile 组件中的文本菜单。

在 jQuery Mobile 中，选择菜单由一个【jQuery Mobile】框架自定义样式的按钮和菜单的样式体现。当单击选择菜单时，移动设备自带的菜单选择器也将被打开。菜单内某项值被选中后，自定义的选择按钮的值将被更新为用户选择的选项。创建【jQuery Mobile】页面后，单击【插入】面板中的【选择】按钮，即可在页面中插入选择菜单，如图 10–16 所示。切换到【实时视图】页面，可在【jQuery Mobile】中查看选择菜单效果，如图 10–17 所示。

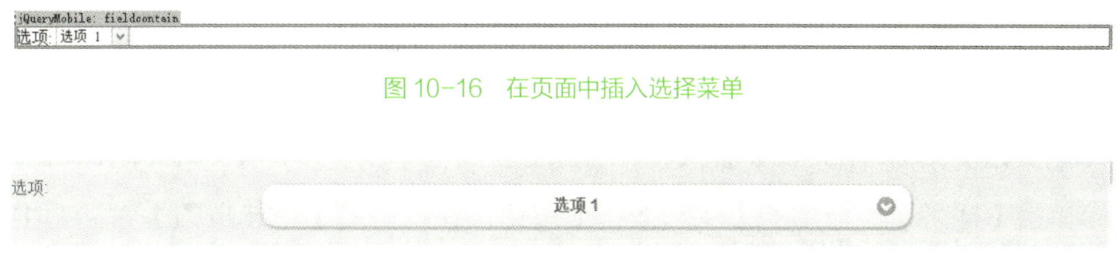

图 10–16 在页面中插入选择菜单

图 10–17 查看选择菜单效果

八、使用复选框

【示例 8】使用 jQuery Mobile 组件中的复选框。

操作步骤如下。

单击插入面板中的【复选框】按钮，弹出【复选框】对话框，再单击【确定】按钮，即可在页面中插入复选框并修改复选框的提示文字。此外，可以在 jQuery Mobile 页面中插入一组复选框。【复选框】对话框中的【名称】选项用于设置所插入复选框的 ID 名称。【复选框】选项用于设置所插入的复选框组中包含几个复选框选项，默认为 3。【布局】选项用于设置所插入的复选框组的布局方式，包括【垂直】和【水平】两种方式，如图 10–18 所示。单击【确定】按钮即可在页面中插入一个复选框，如图 10–19 所示。切换到【实时视图】页面可以查看 jQuery Mobile 复选框的使用效果，如图 10–20 所示。

复选框

名称: checkbox1

复选框: 3

布局: 垂直

水平

确定

取消

帮助

图 10-18 【复选框】对话框中的【布局】选项

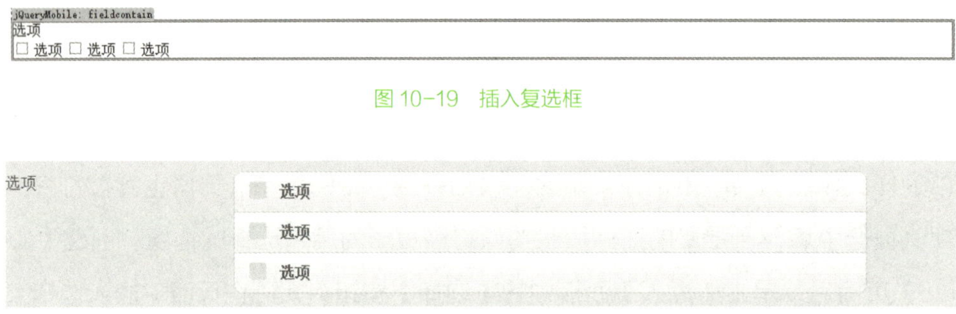

图 10-19 插入复选框

图 10-20 插入复选框的效果

九、使用单选按钮

【示例 9】使用 jQuery Mobile 组件中的【单选按钮】。

操作步骤如下。

单选按钮使用标准的 HTML 代码，所以更容易被单击。创建【jQuery Mobile】页面后，单击【插入】面板中的【单选按钮】按钮，在打开的【单选按钮】对话框中设置单选按钮的各项参数，如图 10-21 所示。单击【确定】按钮，即可在页面中插入一个单选按钮，如图 10-22 所示。切换到【实时视图】页面，可在【jQuery Mobile】中查看其使用效果，如图 10-23 所示。

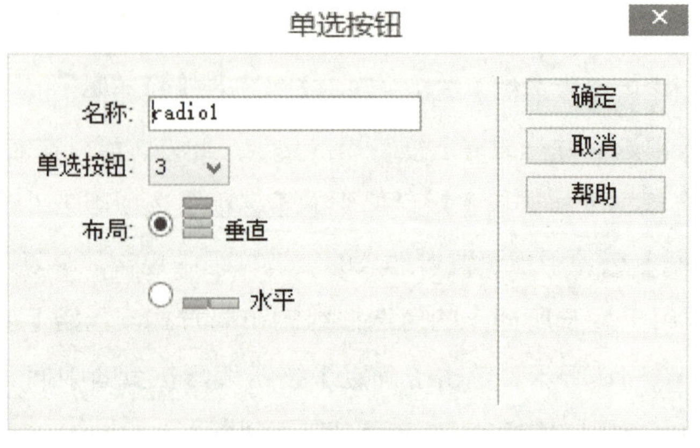

图 10-21 设置【单选按钮】的各项参数

图 10-22 插入一个单选按钮

图 10-23 查看单选按钮的使用效果

十、使用按钮

【示例 10】使用 jQuery Mobile 组件中的按钮。

操作步骤如下。

单击【插入】面板上【jQuery Mobile】选项卡的【按钮】选项，弹出【按钮】对话框，如图 10-24 所示。单击【确定】按钮，在网页中插入按钮表单元素，修改按钮表单元素上的文字，如图 10-25 所示。切换到【实时视图】页面，可在 jQuery Mobile 中查看其效果，如图 10-26 所示。在【按钮】对话框中可以对在 jQuery Mobile 页面中所插入的按钮进行设置。【按钮】选项用于设置所插入按钮的数量。【按钮类型】选项用于设置所插入的按钮类型，在该选项下拉列表中有 3 个选项，分别是【链接】、【按钮】和【输入】。【输入类型】选项用于设置按钮输入类型，必须设置【按钮类型】为【输入】才可用。【位置】选项用于设置所插入按钮的位置，必须设置【按钮】选项为大于 1 的时候，该选项才可用。【布局】选项用于设置所插入的多个按钮的布局方式。【图标】选项用于所插入按钮上的图标。【图标位置】选项用于设置按钮上图标的对齐方式。

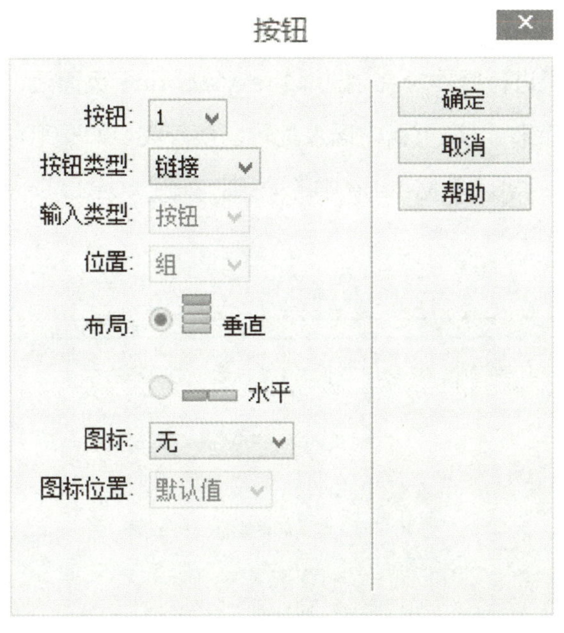

图 10-24 弹出【按钮】对话框

图 10-25 修改【按钮】表单元素上的文字

图 10-26 查看按钮效果

十一、使用滑块

【示例 11】使用 jQuery Mobile 组件中的滑块。

操作步骤如下。

滑块的使用可允许在一定的数值范围中取值。在创建 jQuery Mobile 页面后，单击【插入】面板中的【滑块】按钮，可在页面中插入一个滑块，如图 10-27 所示。切换到【实时视图】页面可看到在 jQuery Mobile 中的使用效果，如图 10-28 所示。

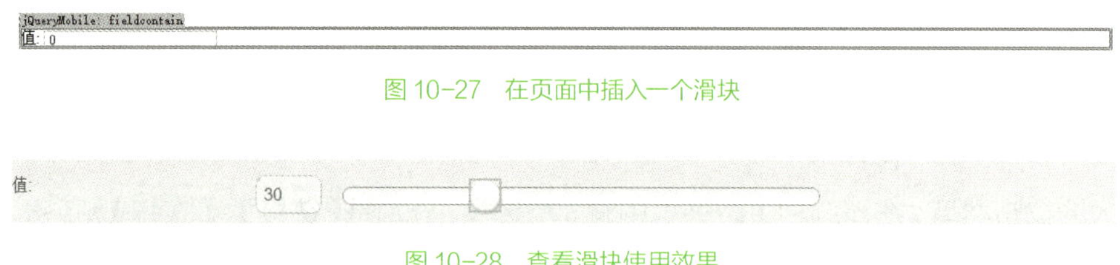

图 10-27 在页面中插入一个滑块

图 10-28 查看滑块使用效果

十二、设置翻转切换开关

【示例 12】设置 jQuery Mobile 组件中的翻转切换开关。

操作步骤如下。

开关在移动设备中是一个常用的元素，用户在移动端可以像使用滑块一样拖动开关，或者点击开关任意一半进行操作。在创建 jQuery Mobile 页面后，单击【插入】面板中的【翻转切换开关】按钮，可在页面中插入翻转切换开关，如图 10-29 所示。切换到【实时视图】页面可看到在 jQuery Mobile 中的效果，如图 10-30 所示。

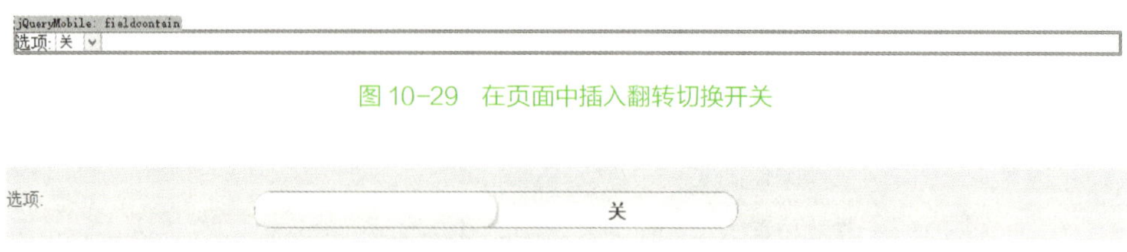

图 10-29 在页面中插入翻转切换开关

图 10-30 查看翻转切换开关效果

第三节 使用 jQuery Mobile 主题

jQuery Mobile 中的任意一个布局和组件都被设计成一个全新页面的 CSS 框架，用户可以通过使用其功能来为站点和应用程序使用完全统一的视觉设计主题。主题系统的关键主要在于使针对布局结构的规则与针对颜色与材质的规则的定义相分离。这使得主题的颜色与材质在样式表中只需要定义一次，就可以在站点中匹配和结合，从而使主题得到广泛应用。

每套主题样式都包含字体阴影、按钮和模型的圆角值。主题也包括几套颜色模板，每一个都定义了工具栏、内容区块、按钮、列表项的颜色和字体阴影。jQuery Mobile 默认包含了 5 套主题样式，分别用 a、b、c、d、e 表示，为了使颜色主题能够保持一直映射到组件中，应遵从以下约定。

a 主题是视觉上最高级别的主题。

b 主题为次级主题（蓝色）。

c 主题为基准主题，在很多情况下默认使用。

d 主题为备用的次级内容主题。

e 主题为强调用主题。

jQuery Mobile 中所有的头部栏与尾部栏使用 a 主题，因为其在应用中视觉优先级最高，为默认主题。如果需要为 bar 设置一个不同的主题，用户只需为头部栏和尾部栏增加 data–theme 属性，随后设定一个主题样式字母即可。如果没有指定，jQuery Mobile 会默认为 content 分配 c 主题，使其在视觉上与头部栏区分开。

使用 Dreamweaver CC 的【jQuery Mobile 色板】面板，可以在 jQuery Mobile CSS 文件中预览所有色板（主题）。根据该面板来应用各种色板，或者从 jQuery Mobile Web 页的各种元素中删除它们。使用该功能可以将色板逐个应用于标题、列表、按钮和其他元素中。

第十一章 发布和推广网站站点

第一节　创建、维护站点

Dreamweaver CC 的站点是一种管理网站中所有相关联文件的工具。

本地新建一个文件夹，在 Dreamweaver CC 中选择菜单栏中的【站点】→【新建站点】命令，在弹出的【站点设置对象】对话框中填写站点的名称，再单击【本地站点文件夹】后的【浏览文件夹】按钮，选择本地站点刚新建的文件夹，然后再单击【保存】按钮继续创建站点，返回到 Dreamweaver CC 主界面中，则会在【文件】浮动面板中看到创建的站点，如图 11–1 所示。

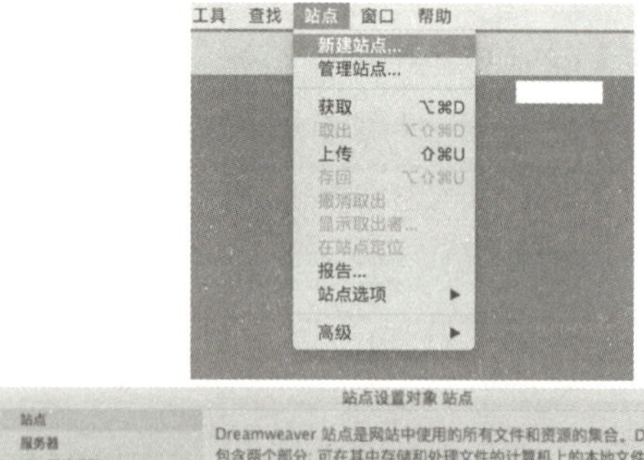

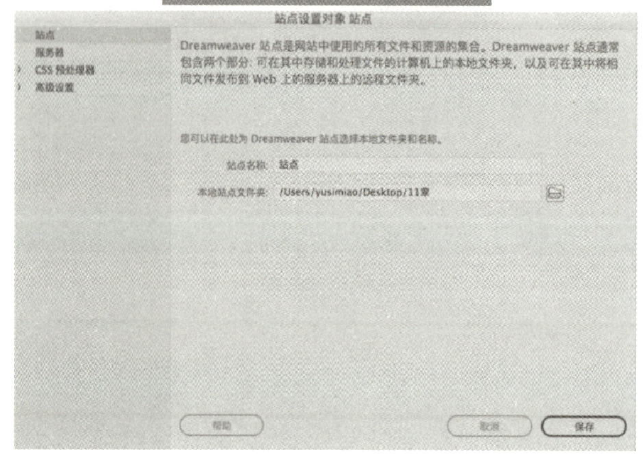

图 11–1　创建的站点

在 Dreamweaver CC 中检查网站中是否包含断开的链接也是站点测试的一个重要的项目。

【示例 1】检查网站中是否包含断开的链接。

（1）在选择菜单栏中的【文件】→【打开】命令，打开需要检查的网站页面，执行【窗口】→【结果】→【链接检查器】命令，打开【链接检查器】面板，如图 11–2 所示。

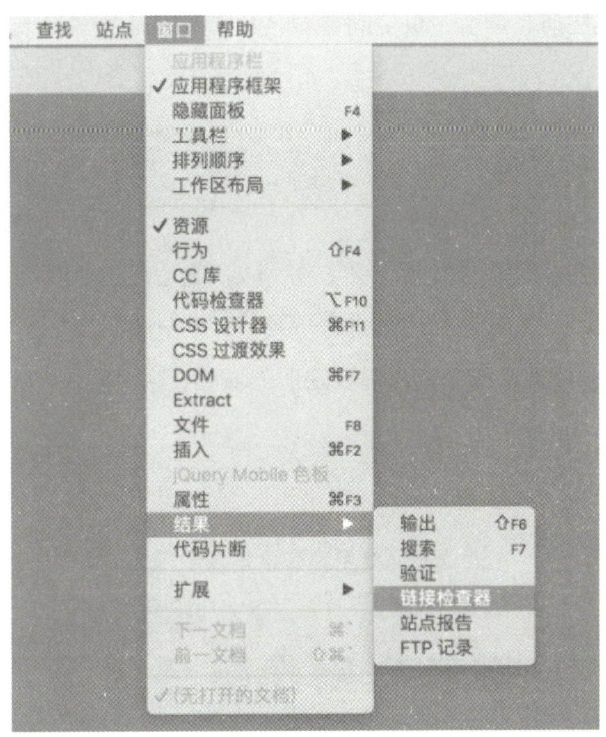

图 11–2　打开【链接检查器】面板

（2）单击【链接检查器】面板左上方的三角按钮，在弹出的菜单中选择检测不同的链接类型。检查完成后，在【链接检查器】面板中显示检查结果，如图 11–3 所示。

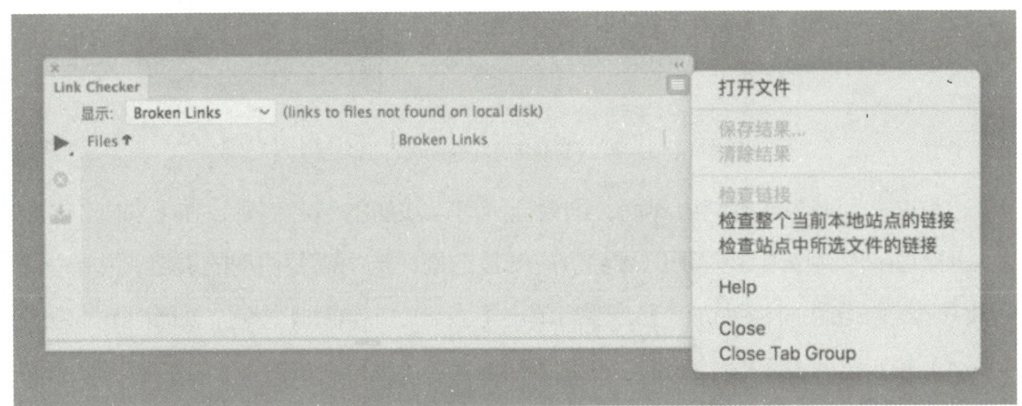

图 11–3　显示检查结果

（3）通过对该页面的链接检查，可以发现是否存在断掉的链接。如果存在，将显示在当前面板中，用户可以直接进行修改链接。

第二节　上传和发布网站

完成站点测试后，通过链接到远程服务器以便进行上传及维护。在上传时需要进行域名注册、购买主机空间、域名解析及网站备案等操作。域名注册是遵循先申请先注册的原则，域名的级别包括顶级域名、二级域名、三级域名和国家代码域名等。

【示例 2】域名注册、购买主机空间、域名解析及网站备案。

操作步骤如下。

（1）启动浏览器，在地址栏输入网址“http：//www.sudu.cn/”，点击【Enter】键进入网站，如图 11-4 所示。

图 11-4　按【Enter】键进入网站

（2）在打开的网页搜索框中输入需要注册的域名，这里输入“lxldj”，然后单击【立即注册域名】按钮，如图 11-5 所示。

图 11-5　单击【立即注册域名】按钮注册域名

（3）进入到域名搜索结果界面，则会显示可以注册的域名信息，在【您查询的域名可以注册：】列表中选中要注册的域名对应的复选框，选中需要注册的域名，并单击【我已阅读并同意域名注册相关协议】，然后单击【去购物车结算】按钮，如图 11-6 所示。

（4）在弹出的提示框中提示立即支付和继续购买虚拟主机产品，用户根据不同情况选择单击超链接。

（5）单击【立即支付】超链接，进入购物车界面，在项目栏中单击【配置】选项，进入域名信息配置界面填写信息，填写完成后单击【保存】按钮进入域名信息配置成功界面，单击【返回】超链接。如图 11-7 所示。

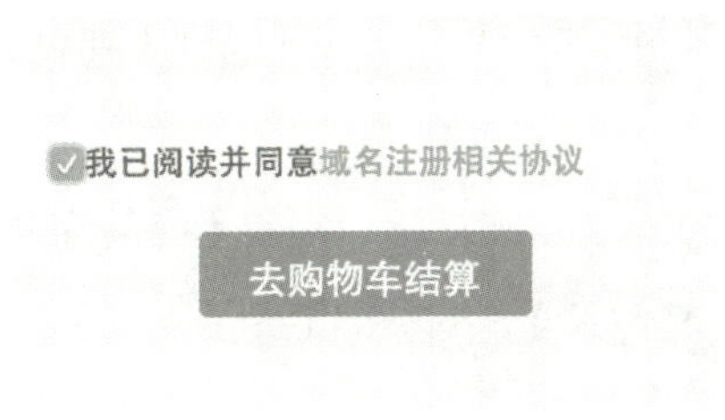

我已阅读并同意域名注册相关协议

去购物车结算

图 11-6　单击【去购物车结算】按钮

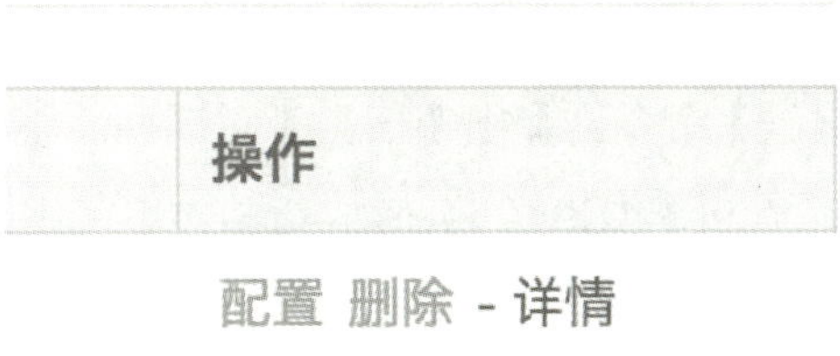

操作

配置 删除 - 详情

图 11-7　【返回】超链接

（6）进入我的购物车界面查看订单信息，单击【立即支付】按钮进行支付，如图 11-8 所示。

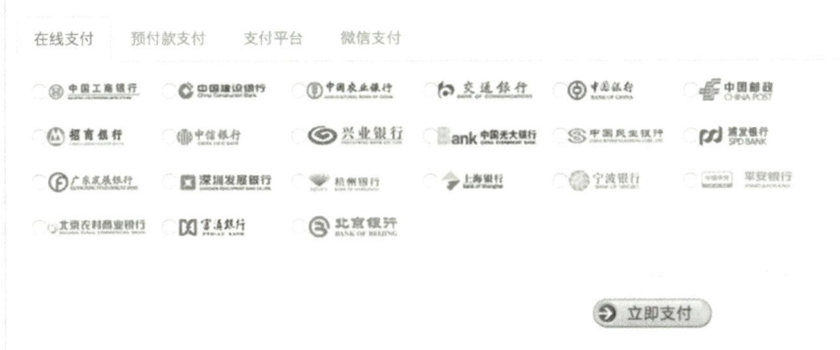

图 11-8　单击【立即支付】按钮进行支付

（7）在【文件】浮动面板中单击【连接到远程服务器】按钮，连接服务器后，单击【向远程服务器上传文件】按钮。

第三节　网站运营和维护

一、网站的运营

更新和推广是网站运营的关键，要求网站管理人员要做好网站的目标定位和管理工作，根据网站具体情况做好业界定位，针对用户需求发布和更新网站内容。此外，要及时整理用户反馈情况和把握用户需求变化，做好网站的日常维护和升级，提升网站的特色和优势。网站在运营前还需要网站备案，以防止在网上从事非法活动，如果不备案，一经查处将停止经营。网站备案需要空间提供商辅助备案，目前大部分的空间提供商提供免费的备案服务。

二、网站的更新维护

网站的后期更新和维护是保证网站具有影响力和吸引力的关键和保障，Dreamweaver CC 能够自动检测网站内部的网页文件生成文件信息、HTML 代码信息的报告，方便修改网页文件。操作步骤如下。

（1）执行【文件】→【打开】命令，打开站点中的任意一个页面，并执行【站点】→【报告】命令，弹出【报告】对话框。

（2）【报告在】：该下拉列表中选择可以生成站点报告的范围，可以是【当前文档】、【整个当前本地站点】、【站点中的已选文件】和【文件夹】，如图 11-9 所示。

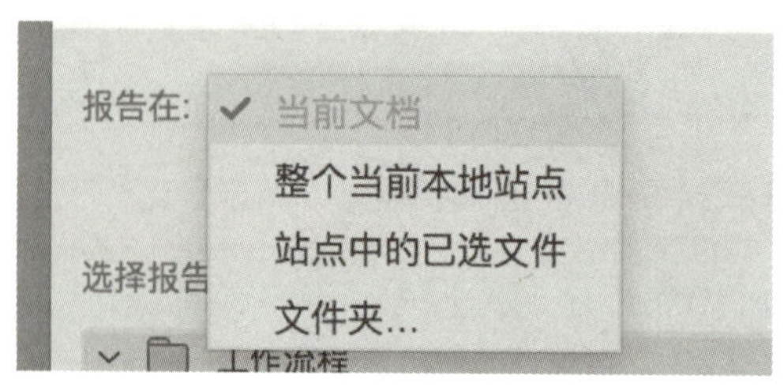

图 11-9　选择可以生成站点报告的范围

（3）选中复选框，将会列出【取出者】、【设计备注】、【最近修改的项目】、【可合并嵌套字体标签】、【没有替换文本】、【多余的嵌套标签】、【可移除的空标签】、【无标题文档】等选项，如图 11-10 所示。

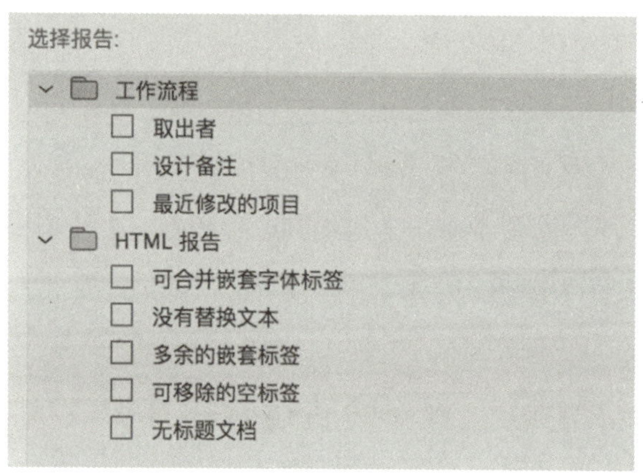

图 11-10　选中复选框

（4）设置完成后，单击【运行】按钮，生成站点报告，弹出【站点报告】面板。

一般情况下，第一次上传都需要上传整个站点。在更新站点时，只需要上传被更新的文件。

三、优化网站 SEO

（1）首先要选择好的标题、关键词以及对网站的描述。其次，要合理布局关键词，无论是站内还是站外，尽可能多做一些关键词的锚文本。

（2）促进内链优化。合理利用内链可以使网站权重的输入也可以增加网站的流量，一般关键词密度在 6% ~ 10% 之间。

（3）注重用户使用体验。用户的体验结果对网站的推广有着无法忽视的重要影响。

（4）更新高质量原创的文章。搜索引擎通过 HTML 代码来与其他网站区分开来，原创内容是 SEO 优化中的必要因素。

第十二章
HTML5 CSS3 网页制作综合实例

第一节　制作前台登录页面

使用 Photoshop 等图像制作软件进行页面的设计，对素材进行分类整理及存放。

第二节　制作后台页面

制作后台页面操作步骤如下。

（1）首先，执行【文件】→【新建】命令，建立一个空白的 HTML 文档。

（2）执行【文件】→【保存】命令，建立 index.html 文档。

（3）执行【插入】→【表格】命令，表格宽度设为 100%，行数 4，列数 2。

（4）对表格整体布局进行具体调整（见图 12–1）：将第一行第二个单元格拆分为 4 列，单元格宽度均设置为【10%】。将第二行拆分为 4 个单元格，宽度分别为【70%】、【10%】、【10%】、【10%】。将第四行合并为一个单元格。

图 12–1　表格布局

（5）在单元格内插入相应内容。设置表格各部分背景颜色，如图 12–2 所示。在第二行内键入“关于我们”“使用说明”“在线客服”。在第三行内嵌套两行一列单元格，修改背景图像，输入文本。在第二格内插入图片，将位置设置为【右对齐】。

（6）创建 login 的 Div 标签，打开 CSS 编辑器，创建 login.css 样式，如图 12–3 所示。将嵌套表格的样式背景设置为登录页面的背景图。

（7）在嵌套单元格内插入表单。按【插入】→【表单】后【插入】→【表单】→【文本】→【密码】命令执行，如图 12–4 所示，将名称修改为“用户名 / 手机 / 邮箱”以及“密码”。

+ — 属性

显示集

background-image

url file:///Macintosh%20HD/Users/...

gradient none

background-position : 100 px 0 %

background-size : 100 % auto

background-clip :

background-repeat :

background-origin :

background-attachment :

当前模式：列出当前所选内容的规则

图 12-2 表格样式

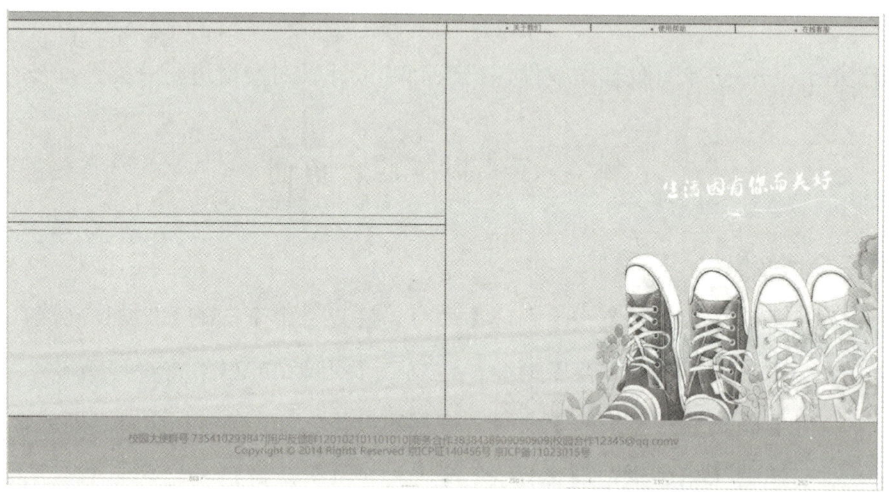

图 12-3 背景图效果

图 12-4 登录界面

参考文献

References

[1] 未来科技 . 中文版 Dreamweaver CC 网页制作从入门到精通 [M]. 北京：中国水利水电出版社，2017.

[2] 陈学平 . 网页设计与制作教程（Dreamweaver CC 2017 版）[M]. 北京：清华大学出版社，2017.

[3] 张旭，葛润平，高翔 . Dreamweaver CC 网页设计与制作（微课版）[M]. 北京：人民邮电出版社，2017.

[4] 李静 . Dreamweaver CC 网页设计从入门到精通 [M]. 北京：清华大学出版社，2017.

[5] 杨阳 . Dreamweaver CC 一本通 [M]. 北京：机械工业出版社，2014.